目 录

两栖爬行类

两栖爬行类

LIANG QI PA XING LEI

huó huà shí róng yuán

§活化石——蝾螈

yuán lèi dōu yǒu wěi bā sì zhī bù fā dá yǒu de yī shēng zài

螈类都有尾巴，四肢不发达。有的一生在

shuǐ zhōng shēng huó yǒu de zài lù dì shang shēng huó dàn fū huà hòu de

水中生活，有的在陆地上生活，但孵化后的

yòu tǐ dōu yào zài shuǐ zhōng fā yù shēng zhǎng yuán de shì lì hěn chā

幼体都要在水中发育生长。螈的视力很差，

kào xiù jué bǔ shí zhǔ yào yǐ kē dǒu wā hé xiǎo yú wéi shí

靠嗅觉捕食，主要以蝌蚪、蛙和小鱼为食。

róng yuán de shēn shang yǒu měi lì de huā wén zài fán zhí qī

蝾螈的身上有美丽的花纹，在繁殖期，

东方蝾螈

xióng xìng bèi shang huì shēng chū xiàng jī guàn zhuàng de tū qǐ chú fán zhí
雄性背上会生出像鸡冠状的突起。除繁殖
qī yǐ wài dōu shì zài lù dì bǔ shí qiū yǐn hé kūn chóng
期以外，都是在陆地捕食蚯蚓和昆虫。

dùn kǒu yuán chǎn yú běi měi shēng huó zài shuǐ zhōng jì xù fā yù de
钝口螈产于北美。生活在水中继续发育的
yòu tǐ yǒu liǎng zhǒng kě néng dāng shuǐ huán jìng hǎo shí wài sāi bǎo liú
幼体有两种可能，当水环境好时，外鳃保留，
tǐ xíng bù biàn néng tóng tǐ shēng zhí dāng shuǐ huán jìng bù lì shí
体形不变，能童体生殖；当水环境不利时，
zé wài sāi xiāo shī jí dēng lù shēng huó
则外鳃消失，即登陆生活。

sāi máng yuán shēng huó zài dì xià àn hé hé dòng xué zhōng yīn yī
鳃盲螈生活在地下暗河和洞穴中，因一
shēng zài hēi àn de huán jìng zhōng shēng huó yǎn jing yǐ tuì huà shēn tǐ
生在黑暗的环境中生活，眼睛已退化，身体
yě quē fá sè sù
也缺乏色素。

hóng yuán yǒu xiān yàn de tǐ sè yòu tǐ biàn tài hòu sāi jiù xiāo shī le
红螈有鲜艳的体色，幼体变态后鳃就消失了，
chéng tǐ wú fèi jìn xíng pí fū hū xī dà ní shì yuán lèi zhōng tǐ xíng
成体无肺，进行皮肤呼吸。大鲵是螈类中体形
zuì dà de chǎn yú zhōng guó hé rì běn yīn yǔ shēng zhǎng zài yì nián
最大的。产于中国和日本，因与生长在3亿年
qián de zǔ xiān hěn xiāng xiàng suǒ yǐ yǒu huó huà shí zhī chēng
前的祖先很相像，所以有“活化石”之称。

róngyuán dà duō tǐ sè xiānmíngměi lì yīn wèi tā men
蝾螈大多体色鲜明美丽，因为它们
shì yǒu dú de tā men jiù lì yòng zhè zhǒng xiān yàn duó mù de yán sè
是有毒的，它们就利用这种鲜艳夺目的颜色
gào jiè lái fàn zhě suǒ yǐ nà xiē chǔn chǔn yù dòng de liè shí dòng wù
告诫来犯者，所以那些蠢蠢欲动的猎食动物
jiù huì jìng ér yuǎn zhī le dāng shé xiàng róng yuán fā qǐ jìn gōng
就会敬而远之了。当蛇向蝾螈发起进攻
shí róngyuán de wěi ba jiù huì fēn mì chū yī zhǒng xiàng jiāo yī yàng
时，蝾螈的尾巴就会分泌出一种像胶一样
de wù zhì tā men yòng wěi ba háo bù liú qíng de měng liè chōu dǎ shé
的物质，它们用尾巴毫不留情地猛烈抽打蛇
de tóu bù zhí dào shé de zuǐ bā bèi fēn mì wù gěi zhān zhù wéi zhǐ
的头部，直到蛇的嘴巴被分泌物给粘住为止。
yǒu shí jiù huì chū xiàn yī tiáo cháng shé bèi róng yuán de zhān yè gěi
有时，就会出现一条长蛇被蝾螈的粘液给
zhān chéng yī tuán dòng tán bù dé de chǎng miàn
粘成一团，动弹不得的场面。

wá wa yú

§ 娃娃鱼

zài wǒ guó cháng jiāng huáng hé jí zhū jiāng zhōng xià yóu shān chuān

在我国长江、黄河及珠江中下游山川

xī liú zhōng shēng huó zhe shì jiè shang zuì dà de liǎng qī dòng wù

溪流中，生活着世界上最大的两栖动物——

dà ní tā yě shì wǒ guó tè chǎn de zhēn guì dòng wù dà ní fā chū de

大鲵，它也是我国特产的珍贵动物。大鲵发出的

shēng yīn rú yīng ér kū tí suǒ yǐ dà jiā xí guàn de chēng tā wéi wá

声音如婴儿哭啼，所以大家习惯地称它为“娃

wa yú

娃鱼”。

wá wa yú de zǔ xiān shēng huó zài dà yuē yì nián qián yīn cǐ tā

娃娃鱼的祖先生活在大约3亿年前，因此它

yě yǒu huó huà shí zhī chēng měi dào xià jì tā zài shuǐ dǐ de

也有“活化石”之称。每到夏季，它在水底的

shí dòng jiān chǎn xià shàng qiān méi luǎn yuán xíng luǎn bèi bāo zài cháng cháng

石洞间产下上千枚卵，圆形卵被包在长长

de luǎn jiāo dài nèi yī chuàn chuàn de chéng liàn zhū zhuàng dà yuē guò

的卵胶带内，一串串的呈链珠状。大约过

30～50天，这些卵就孵化成小鱼了。娃娃鱼每隔6～30分钟，要把头伸出水面呼吸一次。皮肤也是它气体交换的重要器官。

娃娃鱼头部宽阔扁平，眼小口大，体肥粗壮，尾巴扁长，体长可达1.8米，重约50千克。它的体表较光滑，带有黏液腺，背部呈棕褐色，夹有黑斑。它的四肢短小，前肢有4趾，后肢长5趾，游泳时靠摇动躯干和尾巴前进。娃娃鱼一般生活在海拔100～2000米的水流湍急、水质清凉、石缝和岩洞甚多的山

娃娃鱼

cí ní měinián yuèjiānchǎnluǎn luǎnchǎn yú
雌鲵每年 7~8 月间产卵，卵产于
yán shí dòng nèi měi wěi chǎn luǎn méi yǐ shàng shèng xià
岩石洞内，每尾产卵 300 枚以上，剩下
de fǔ yù rèn wù jiù jiāo gěi liǎo xióng ní xióng ní bǎ shēn tǐ qū
的抚育任务就交给了雄鲵。雄鲵把身体曲
chéngbànyuánzhuàng jiāngluǎnwéizhù yǐ miǎn bèi shuǐchōngzǒu
成半圆状，将卵围住，以免被水冲走
huòzāoshòu dí hài zhí zhì zhōu hòu fū huà chū yòu ní
或遭受敌害，直至 2~3 周后孵化出幼鲵，
tiānhòu xiǎo wá wa yú fēn sàn shēnghuó xióng
15~40天后，小“娃娃鱼”分散生活，雄
ní cái kěn lí qù dà ní de shòumìng zài liǎng xī dòng wù zhōng
鲵才肯离去。大鲵的寿命在两栖动物中
yě shì zuì cháng de zài réngōng sì yǎng de tiáojiàn xià nénghuó
也是最长的，在人工饲养的条件下，能活
nián zhī jiǔ
130 年之久。

qū xī hé zhōng bái tiāncháng qián jū yú yǒu huí liú shuǐ de dòngxué nèi yī
区溪河中。白天常潜居于有洄流水的洞穴内，一
xué yī wěi bàng wǎnhuò yè jiān chūdònghuódòng xià qiū zhī jiān yě yǒu zài bái
穴一尾。傍晚或夜间出洞活动，夏秋之间也有在白
tiānshàng àn mì shí huòshài tài yáng de xí xìng bǔ shí zhǔ yào zài yè jiān zhǔ
天上岸觅食或晒太阳的习性。捕食主要在夜间，主

yào chī xiè yě chī wā yú shé xiā jí shuǐ shēng kūn chóng qí nài
要吃蟹，也吃蛙、鱼、蛇、虾及水生昆虫，其耐
jī lì hěn qiáng zhī yào sì yǎng zài qīng liáng shuǐ zhōng nián bù jìn shí
饥力很强，只要饲养在清凉水中，2~3年不进食
yě bù huì è sǐ
也不会饿死。

zhǎng zài shù shang de wā　shù wā
§ 长在树上的蛙——树蛙

shù wā de tǐ tài fēi cháng jiāo xiǎo zhī yǒu wǔ liù lí mǐ cháng
树蛙的体态非常娇小，只有五六厘米长，
tā men kàn shang qù hěn xiān yàn zhāo rén xǐ huan yīn wèi tā men yī shēng
它们看上去很鲜艳，招人喜欢。因为它们一生
dōu zài shù shang dù guò suǒ yǐ bèi chēng wéi shì shù wā shù wā de hòu
都在树上度过，所以被称为是树蛙。树蛙的后
tuǐ bǐ qián tuǐ cháng
腿比前腿长，
ér qiě fù yǒu tán tiào
而且富有弹跳
lì shù wā de yán
力。树蛙的颜
sè xiān liàng shì yào
色鲜亮，是要
xiàng duì shǒu biǎo míng
向对手表明
zì jǐ de dú xìng hěn dà bù néng chī shù wā de zú zhǐ duǎn ér cū
自己的毒性很大，不能吃。树蛙的足趾短而粗，

美洲树蛙

zhǐ jiān yǒu zhǐ mó xiāng lián zhǐ duān hái yǒu xǔ duō jiān xì de máo shàng
趾间有趾膜相连，趾端还有许多尖细的毛，上
miàn dài zhe yī céng lèi shì nián jiāo de wù zhì suǒ yǐ tā néng wěn wěn de
面带着一层类似黏胶的物质，所以它能稳稳地
bǎ zì jǐ gù dìng zài dà shù shang de rèn hé bù fen
把自己固定在大树上的任何部分。

jiàn dú wā hé yǔ wā
§ 箭毒蛙和雨蛙

shì jiè shang zuì dú de dòng wù shì nán měi zhōu de jiàn dú wā tā
世界上最毒的动物是南美洲的箭毒蛙，它
de dú cáng zài pí fū zhōng yóu yú dāng dì yìn dì ān rén cháng bǎ tā de
的毒藏在皮肤中。由于当地印第安人常把它的
dú tú zài jiàn tóu shang suǒ yǐ bèi chēng wèi jiàn dú wā jiàn dú wā tǐ
毒涂在箭头上，所以被称为箭毒蛙。箭毒蛙体
tài xiān yàn jí shǐ bái tiān yě gǎn chū lái huó dòng bié kàn tā de tǐ
态鲜艳，即使白天也敢出来活动。别看它的体
cháng zhǐ yǒu lí mǐ dàn
长只有4厘米，但
shì rú guǒ bǔ shí zhě bèi jiàn dú
是如果捕食者被箭毒
wā cì pò pí fū jiù huì sǐ
蛙刺破皮肤就会死
wáng suǒ yǐ hěn shǎo yǒu
亡。所以，很少有
rén duì zhè zhǒng sè cǎi xiān yàn
人对这种色彩鲜艳

箭毒蛙

de xiǎo wā yǒu qīngshuài de jǔ dòng
的小蛙有轻率的举动。

zài nán měi zhōu hái shēng huó zhe yī xiē hěn
在南美洲还生活着一些很
xiǎo de qīng wā ér zuì xiǎo de jiù shì gǔ bā yǔ
小的青蛙，而最小的就是古巴雨
wā tā de shēn cháng jǐn yǒu lí mǐ
蛙，它的身长仅有1.2厘米。
tā yǔ qí tā liǎng qī dòng wù de wài xíng yǒu yī
它与其他两栖动物的外形有一
gè gòng xìng jiù shì yǎn jing zhǎng de dà dà
个共性，就是眼睛长得大大
de wèi de shì gèng kuài de zhǎo dào tā yào bǔ zhuō de kūn chóng
的，为的是更快地找到它要捕捉的昆虫。

雨蛙

bǐ qīng wā cōng míng de chán chú

§比青蛙聪明的蟾蜍

chán chú yǔ wā xiāng bǐ shēn tǐ féi pàng sì zhī duǎn xiǎo bēi
蟾蜍与蛙相比，身体肥胖，四肢短小，背
bù pí fū hòu ér qiě gān zào yǒu yóu zhuàng tū qǐ kàn qǐ lái gē ge
部皮肤厚而且干燥，有疣状突起，看起来疙疙
dá da shòu jīng shí huì fēn mì dú yè yī bān yǒu hè sè de huā bān
瘩瘩，受惊时会分泌毒液。一般有褐色的花斑。
chéng nián hòu jī běn shang zài yī xiē hé hú chí zhǎo fù jìn děng kōng qì
成年后，基本上在一些河湖池沼附近等空气
bǐ jiào cháo shī de lù dì shang dù guò yú shēng
比较潮湿的陆地上度过余生。

yóu yú chán chú de wài biǎo chǒu lòu ér zhāo zhì rén yàn rén men gěi tā
由于蟾蜍的外表丑陋而招致人厌，人们给它
qǐ le yī gè lài há ma de sú míng qí shí zhè zhǒng lài há ma
起了一个“癞蛤蟆”的俗名，其实这种“癞蛤蟆”
bǐ qīng wā yào cōng míng bǐ rú shuō qīng wā zhǐ huì tiào yuè zhī yǒu zài bǎo
比青蛙要聪明。比如说，青蛙只会跳跃，只有在保
chí dūn zuò de jìng zhǐ zī tài shí cái huì zhù yì dào fēi xíng de kūn chóng
持蹲坐的静止姿态时，才会注意到飞行的昆虫，

wèi rén lèi chú hài ér
为人类除害。而
chán chú jí shǐ zài pá xíng
蟾蜍即使在爬行
shí yě kě yǐ bǔ shí dào
时，也可以捕食到
nà xiē yī dòng bù dòng de
那些一动不动的
chóng zi yóu cǐ kě jiàn lài há ma qí shí yī diǎn yě bù lài shì
虫子，由此可见，“癞蛤蟆”其实一点也不赖，是
zhēn zhèng de chú hài gāoshǒu
真正的除害高手。

蟾蜍

chánchú shì yī kào fèi hé pí fū jìn xíng hū xī de suǒ yǐ tā men
蟾蜍是依靠肺和皮肤进行呼吸的，所以它们
jīngcháng bǎo chí pí fū de shī rùn zhuàng tài yǐ biàn yú kōng qì zhōng de
经常保持皮肤的湿润状态，以便于空气中的
yǎng qì róng yú pí fū nián yè jìn rù xuè yè suǒ yǐ zài kōng qì shī dù
氧气溶于皮肤黏液进入血液，所以，在空气湿度
dà huò xià yǔ shí tā men huì yī fǎn cháng tài de zài bái tiān chū lái huó
大或下雨时，它们会一反常态地在白天出来活
dòng
动。

yǒu yī gè gǔ lǎo de chuán shuō hěn jiǔ hěn jiǔ yǐ qián
有一个古老的传说，很久很久以前，
wáng mǔ niáng niang kāi pán táo huì yāo qǐng le gè lù shén xiān
王母娘娘开蟠桃会，邀请了各路神仙，
chán chú xiān yě zài bèi yāo zhī liè chán chú xiān zài wáng mǔ niáng niang
蟾蜍仙也在被邀之列。蟾蜍仙在王母娘娘
de huáng gōng huā yuán lǐ qià yù é xiān nǚ bèi qí mèi lì suǒ qīng
的皇宫花园里恰遇鹅仙女，被其魅力所倾
dǎo dà dòng fán xīn zāo é xiān nǚ hè chì bìng zhuàng gào zhì wáng
倒，大动凡心。遭鹅仙女呵斥并状告至王
mǔ niáng niang chù wáng mǔ niáng niang dà nù suí shǒu jiāng cháng
母娘娘处。王母娘娘大怒，随手将嫦
é yuè gōng zhōng xiàn lái de yuè jīng pén zá xiàng chán chú xiān fá qí
娥月宫中献来的月精盆砸向蟾蜍仙，罚其
xià jiè wèi chán chú nà yuè jīng pén huà zuò yī dào jīng guāng qīn rù chán
下界为蟾蜍，那月精盆化作一道晶光侵入蟾
chú tǐ nèi wáng mǔ yòu huǐ qí jiāng yuè jīng pén shī shǒu zá chū shī
蜍体内，王母又悔其将月精盆失手砸出，失
qù le yī jiàn bǎo wù lìng chán chú mó nán jié shù hòu wán bì guī zhào
去了一件宝物，令蟾蜍磨难结束后完璧归赵，
fāng kě chóng liè xiān bān bìng mìng léi shén jiān dū
方可重列仙班，并命雷神监督。

shàn tiào de qīng wā

§善跳的青蛙

qīng wā chú le yòu tǐ shí qī wài dōu méi yǒu zhǎng wěi ba tā men yōng yǒu hún yuán de shēn tǐ dà dà de zuǐ ba tū chū de yǎn jing hé qiáng jiàn de sì zhī shàn yú tiào yuè de hòu zhī gèng shì gé wài qiáng jìn yǒu lì

青蛙除了幼体时期外，都没有长尾巴。它们拥有浑圆的身体、大大的嘴巴、突出的眼睛和强健的四肢，善于跳跃的后肢更是格外强劲有力。

qīng wā tōng cháng jiāng luǎn chǎn zài shuǐ zhōng ràng tā zì xíng fū huà gāng fū huà chū lái de kē dǒu zhǔ yào chī zhí wù xìng shí wù zài tuǐ jiàn jiàn fā yù de shí hou wěi bù yě yù lái yù duǎn cǐ shí tā men kāi shǐ shè qǔ dòng wù xìng shí wù ér zǎo qī yòng lái hū xī de sāi yě zhú jiàn tuì huà zhōng zhì xiāo shī cǐ hòu tā jiù kāi shǐ yòng fèi hū xī dào zuì

青蛙通常将卵产在水中，让它自行孵化。刚孵化出来的蝌蚪主要吃植物性食物，在腿渐渐发育的时候，尾部也愈来愈短，此时，它们开始摄取动物性食物；而早期用来呼吸的鳃也逐渐退化，终至消失，此后它就开始用肺呼吸。到最

hòu kē dǒu zhōng yú biàn
后，蝌蚪终于变
chéng yōng yǒu sì zhī jiǎo
成拥有四只脚、
méi yǒu wěi bā de xiǎo qīng
没有尾巴的小青
wā le kāi shǐ lù dì
蛙了，开始陆地
shēng huó
生活。

青蛙

kē dǒu biàn chéng qīng wā xū fèi shí shù xīng qī liǎng qī lèi suī
蝌蚪变成青蛙，需费时数星期。两栖类虽
rán yǐ jīng jù yǒu fèi dàn qí hū xī gōng néng hái bù qiáng suǒ yǐ réng
然已经具有肺，但其呼吸功能还不强，所以仍
xū yī kào pí fū fǔ zhù hū xī
需依靠皮肤辅助呼吸。

dà duō shù de liǎng qī dòng wù zài pí fū xià dū yǒu xiàn tǐ kě fēn
大多数的两栖动物在皮肤下都有腺体，可分
mì tòu míng de nián yè yǐ bǎo chí pí fū shī rùn fǔ zhù hū xī cǐ
泌透明的黏液，以保持皮肤湿润，辅助呼吸。此
wài tā men cháng duǒ zài cháo shī yīn àn de jiǎo luò yǐ fáng pí fū gān
外，它们常躲在潮湿、阴暗的角落，以防皮肤干
zào
燥。

zhào kàn luǎn zǐ
照看卵子

bìng fēi suǒ yǒu de wā hé chán chú liú xià shòu jīng luǎn ràng tā
并非所有的蛙和蟾蜍留下受精卵让它

men zì jǐ qù fū huà yǒu xiē zhǒng lèi néng shǒu hù tā men de luǎn
们自己去孵化。有些种类能守护它们的卵

zǐ bǎo chí luǎn zǐ shī rùn bìng miǎn zāo dí hài zhè zhǒng xióng xìng
子，保持卵子湿润并免遭敌害。这种雄性

chǎn pó chán káng qǐ yī chuàn luǎn zǐ zài bèi shang chán rào zài tā
产婆蟾扛起一串卵子在背上，缠绕在它

de tuǐ shang dāng luǎn zǐ yù bèi fū huà shí tā bǎ tā men shì
的腿上。当卵子预备孵化时，它把它们释

fàng dào shuǐ zhōng
放到水中。

kē dǒu de wěi bā

§蝌蚪的尾巴

zài jǐ zhuī dòng wù zhōng zǐ nǚ xiàng fù mǔ shì tiān jīng dì yì de rán ér qīng wā chán chú děng liǎng qī dòng wù què bù shì zhè yàng zhè lèi dòng wù de zǐ nǚ kē dǒu yī diǎn yě bù xiàng tā men de fù mǔ kē dǒu de shēn tǐ yuán gǔ gǔ de tuō zhe yī tiáo yòu biǎn yòu dà de wěi bā

在脊椎动物中，子女像父母是天经地义的。然而，青蛙、蟾蜍等两栖动物却不是这样。这类动物的子女——蝌蚪，一点也不像它们的父母。蝌蚪的身体圆鼓鼓的，拖着一条又扁又大的尾巴。

tā xiàng yú yī yàng zài shuǐ lǐ shēng huó yòng sāi hū xī kào wěi ba yóu yǒng jīng guò yī duàn shí jiān de shēng zhǎng fā yù kē dǒu de mú yàng màn màn de biàn le zhú jiàn zhǎng chū qián zhī hé hòu zhī sāi wěi suō xiāo shī fèi kāi shǐ qǔ ér dài zhī dà wěi ba yě bù jiàn le zuì hòu

它像鱼一样在水里生活，用鳃呼吸，靠尾巴游泳。经过一段时间的生长发育，蝌蚪的模样慢慢地变了：逐渐长出前肢和后肢，鳃萎缩消失，肺开始取而代之，大尾巴也不见了。最后，

tā biàn chéng le qīng
它变成了青
wā huò chán chú kē
蛙或蟾蜍。蝌
dǒu de wěi ba shì zěn
蚪的尾巴是怎
me xiāo shī de ne
么消失的呢？

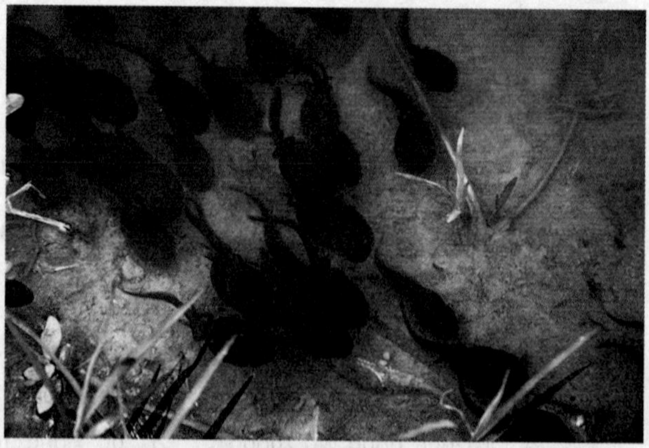

蝌蚪

xiàn zài zài diàn zǐ
现在，在电子
xiǎn wēi jìng de bāng zhù xià zhè ge wèn tí yǒu le dá àn
显微镜的帮助下，这个问题有了答案。

wǒ men zhī dào xì bāo shì jué dà duō shù shēng wù de jī běn jié gòu
我们知道，细胞是绝大多数生物的基本结构
dān wèi hé gōng néng dān wèi kē dǒu zì rán yě bù lì wài tā hé qí tā
单位和功能单位，蝌蚪自然也不例外。它和其他
dòng wù yī yàng xì bāo lǐ yǒu xǔ duō xì wēi de xì bāo qì qí zhōng
动物一样，细胞里有许多细微的细胞器。其中，
yǒu yī zhǒng qiú xíng de xì bāo qì jiào róng méi tǐ lǐ miàn hán yǒu duō
有一种球形的细胞器叫溶酶体，里面含有30多
zhǒng suān xìng shuǐ jiě méi jù yǒu xiāo huà zuò yòng zhè zhǒng róng méi tǐ bù
种酸性水解酶，具有消化作用。这种溶酶体不
jǐn néng xiāo chú jìn rù xì bāo de yǒu hài wù zhì ér qiě hái néng chī
仅能消除进入细胞的有害物质，而且还能“吃
diào xì bāo nèi wài de wù zhì shēng wù xué jiā bǎ zhè yī xiàn xiàng
掉”细胞内外的物质。生物学家把这一现象

chēngwéi xì bāo de zì róngzuòyòng kē dǒu de wěi ba jiù shì bèi
称为细胞的“自溶作用”。蝌蚪的尾巴，就是被
zhèzhǒng zì róng zuò yòng xiāo huà diào de gāngzhǎng chū sì zhī de
这种“自溶作用”消化掉的。刚长出四肢的
kē dǒu shì kào xī shōu wěi ba zhōng de yíng yǎng wù zhì wèishēng de yīn
蝌蚪，是靠吸收尾巴中的营养物质为生的，因
ér zhè shí de dà wěi ba shì tā de shí wù cāng kù
而这时的大尾巴是它的食物仓库。

qīng wā tūn shí shí wèi hé zhǎ yǎn jing
青蛙吞食时为何眨眼睛

qīngwā shì bǔ shíkūn chóng de néng shǒu tā dūn zài chí táng biān
青蛙是捕食昆虫的能手。它蹲在池塘边，
yī dòng yě bù dòng mù bù zhuǎnjīng de wàngzheyíngmiàn fēi lái de xiǎo
一动也不动，目不转睛地望着迎面飞来的小
chóng zi bù dòngshēng sè tū rán qīngwā xiàng lí le xián de jiàn
虫子，不动声色。突然，青蛙像离了弦的箭
yī yàng téng shēnyuè qǐ biān zi shì de shétóu fānchū kǒu wài bǎ
一样，腾身跃起，鞭子似的舌头翻出口外，把
chóng zi juǎndào zuǐ lǐ ér qiě bǎi fā bǎi zhòng dànwú xū fā yǒu
虫子卷到嘴里，而且百发百中，弹无虚发。有
qù de shì qīngwā zài tūnyàn shí wù shí huì zhǎyǎnjing tūnyàn de shí
趣的是，青蛙在吞咽食物时会眨眼睛；吞咽的食
wùyuè dà zhǎ yǎn de cì shù jiù yuèduō zhí dào tā bǎ shí wù quántūn
物越大，眨眼的次数就越多，直到它把食物全吞
xià qù wéi zhǐ zhè jiū jìng shìwèi shénme ne
下去为止。这究竟是为什么呢？

qīngwāyǒu yī zhāng kuān kuò de dà zuǐ ba tā yòng hěn cháng de shétou
青蛙有一张宽阔的大嘴巴，它用很长的舌头
jiāng fēi chóng zhānzhù zài sòng rù kǒu zhōng qīngwā méi yǒu yá chǐ
将飞虫粘住，再送入口中。青蛙没有牙齿，
zhī néng hú lún tūnzǎo bǎ shí wù zhěng gè dōu tūn xià dù qù tā
只能“囫囵吞枣”，把食物整个都吞下肚去。它
de yǎn kuàng dǐ bù méiyǒu gú tóu yǎn qiú hé kǒu qiāng zhī jiān zhǐ gé zhe
的眼眶底部没有骨头，眼球和口腔之间只隔着
yī céng bó mó tūnyàn shí wù shí qīngwā de yǎn jī huì fā shēngshōu
一层薄膜。吞咽食物时，青蛙的眼肌会发生收
suō chǎnshēng zhǎ yǎn dòng zuò tóng shí yǎn qiú xiàng kǒu qiāng tū
缩，产生眨眼动作；同时，眼球向口腔突
chū xíngchéng yī zhǒng yā lì bǎ shí wù tuī rù shí dào yú shì
出，形成一种压力，把食物推入食道。于是，
qīngwā zài tūn shí shí jiù pín pín zhǎ yǎn le
青蛙在吞食时就频频眨眼了。

shé de gōngguò

§蛇的功过

bù shǎo rén tán shé sè biàn zhè bù jǐn shì yīn wèi shé de yàng

不少人“谈蛇色变”，这不仅是因为蛇的样

zi yǒu xiē xià rén gèng zhòng yào de shì yīn wèi shé lèi zhōng yǒu bù shǎo

子有些吓人，更重要的是因为蛇类中有不少

zhǒng lèi shì dú shé rén bèi dú shé yǎo

种类是毒蛇，人被毒蛇咬

shānghòu rú guǒ bù jí shí qiǎng jiù

伤后，如果不及时抢救，

jiù huì yǒu shēng mìng wēi xiǎn qí shí

就会有生命危险。其实，

shé duì rén lèi hái shì yǒu xǔ duō yì chù

蛇对人类还是有许多益处

de shé pí kě yòng lái zhì zuò pí gé

的。蛇皮可用来制作皮革

hé yuè qì dú shé de dú yè néng gòu

和乐器，毒蛇的毒液能够

yòng lái zhì zuò yào jiǔ shé dǎn hé shé

用来制作药酒，蛇胆和蛇

tuì děng kě yǐ zuò zhōng yào cái zhì liáo gè zhǒng shén jīng tòng xiǎo ér má

蜕等可以作中药材，治疗各种神经痛、小儿麻

花珊瑚蛇

痹症等多种疾病。蛇肉也是著名的美味佳肴。

大多数蛇类能捕食鼠，这对于防治鼠害，提高农作物产量有重要作用。蛇对固体传导的振动极为敏感，因而在地震前常有异常反应，因此，观测蛇的活动情况，可以作为预报地震的一种辅助手段。我国已经知道的蛇的种类大约有200种，其中大部分是无毒蛇。蛇属变温动物，体温随环境温度的升降而波动，一年中各种蛇类只在4~10月间外出活动，其余月份进行冬眠，7~9月是蛇类活动性最强的时期。了解蛇的生活节奏是养蛇必备的常识。

蛇的交配在秋季，蛇生产在夏季，多数为卵生，少数为卵胎生，这种生殖方式提高了幼蛇的成活率，沟通了卵生与胎生间的界限。

shénéng rěn jī nài è
§蛇能忍饥耐饿

shé de nài è běn lǐng kě zhēn jīng rén jù shuō yǒu yī tiáo mǎng
蛇的耐饿本领可真惊人。据说，有一条蟒
shé è le nián líng gè yuè cái sǐ qù yǒu wèi shēng wù xué jiā duì wǒ
蛇饿了2年零9个月才死去。有位生物学家对我
guó shé dǎo shàng de fù shé jìn xíng guò yán jiū tā duì zhè xiē fù shé jì
国蛇岛上的蝮蛇进行过研究。他对这些蝮蛇，既
bù gěi shí yòu bù wèi shuǐ jié guǒ píng jūn néng huó tiān huó de cháng
不给食又不喂水，结果平均能活78天，活得长
de kě dá tiān jí shǐ duǎn mìng guǐ yě huó le tiān
的可达107天，即使“短命鬼”也活了34天。
rú guǒ ràng tā men hē xiē shuǐ nà me tā men nài è de běn lǐng jiù kě
如果让它们喝些水，那么，它们耐饿的本领就可

树王蛇

tí gāo yī bèi zuǒ yòu
提高一倍左右，
zuì nài è de shèn zhì huó
最耐饿的甚至活
le tiān
了392天。

wèi shén me shé yǒu
为什么蛇有
zhè zhǒng rěn jī nài è de
这种忍饥耐饿的
běn lǐng ne yīn wèi tā
本领呢？因为它
men yǒu yī tào jié yuē néng liàng de běn lǐng rén men dōu zhī dào héng wēn
们有一套节约能量的本领。人们都知道，恒温
dòng wù de shēn tǐ hǎo xiàng shì zhī jù yǒu héng dìng wēn dù de lú zi
动物的身体，好像是只具有恒定温度的炉子。
wèi le bǎo chí héng dìng de tǐ wēn jiù yào xiāo hào tǐ nèi de néng yuán wù
为了保持恒定的体温，就要消耗体内的能源物
zhì kě shì shé shì biàn wēn dòng wù tā men jiù shěng qù le zhè bǐ
质。可是，蛇是变温动物，它们就省去了这笔
néng liàng kāi zhī tā men yī nián sì jì de tǐ wēn gù rán bù tóng jiù
能量开支。它们一年四季的体温固然不同，就
shì tóng yī tiān zhōng yě suí wài jiè wēn dù ér yǒu jiào dà de biàn dòng suǒ
是同一天中也随外界温度而有较大的变动。所
yǐ tā men tǐ nèi yòng de néng yuán wù zhì jiù bǐ héng wēn dòng wù yào
以，它们体内用的能源物质就比恒温动物要
shǎo de duō ná zhòng liàng xiāng děng de zhū hé dà mǎng shé xiāng bǐ jiào
少得多。拿重量相等的猪和大蟒蛇相比较，

蕲蛇（五步蛇）

如果猪每天消耗150份重量的能源物质，那么蛇只要1份就够了。在冬眠时，蛇所消耗的能量更是微乎其微。经过长达5个多月的冬眠后，它的体重只不过减轻2%左右。

与此同时，蛇类吸收营养成分的效率特别高。一口气连吞四五只小白鼠，对蛇来说并不稀奇。有时，它们还能吞食比自己大而长的食物，例如蝮蛇可以吞下比自己头部大10倍的鸟。一般，只要5天左右的时间，蛇就把吞进肚里的食物消化完了，连骨头也消化得精光，只剩下一些兽毛和鸟羽从粪便中排出。消化以后，这些营养成分便在体内贮存起来。

正因为在能量的积聚和消耗上能“开源节流”，所以蛇的耐饿本领特别高强。

rán mǎng rú hé liè shí

§蚺蟒如何猎食

dāng nǐ miàn duì rán mǎng cháng dá mǐ yǐ shàng cū zhuàng de
当你面对蚺蟒 长达9米以上、粗壮的
jù dà shēn qū shí nǐ yī dìng huì hěn zhèn jīng bù jǐn tā men shēn tǐ
巨大身躯时，你一定会很震惊，不仅它们身体
cháng ér cū zhuàng ér qiě tā men de wài biǎo hái yǒu zhe měi lì de bān
长而粗壮，而且它们的外表还有着美丽的斑
wén rán mǎng suī rán méi yǒu jù dú dàn què tóng yàng kě pà cū
纹。蚺蟒虽然没有剧毒，但却同样可怕。粗
zhuàng de qū gàn cháng cháng chán zài shù shang dāng tā men bǔ huò liè wù
壮的躯干常常缠在树上。当它们捕获猎物
shí yòng qiáng jìn de lì liàng chán juǎn qǐ liè wù shǐ qí zhì xī ér
时，用强劲的力量缠卷起猎物，使其窒息而
sǐ rán hòu zhāng kāi dà kǒu tūn xià liè wù bié kàn tā de shēn tǐ bèn
死，然后张开大口吞下猎物。别看它的身体笨
zhuō kě hái shì yóu yǒng gāo shǒu ne
拙，可还是游泳高手呢！

hēi tóu rán mǎng xǐ huan chī gè zhǒng shé yīn wèi tā duì dú shé de dú
黑头蚺蟒喜欢吃各种蛇，因为它对毒蛇的毒
yè yǒu jí qiáng de miǎn yì lì suǒ yǐ dú shé duì tā lái shuō gēn wú dú
液有极强的免疫力，所以毒蛇对它来说，跟无毒
de shé yī yàng tǐ sè rú fěi cuì de cuì lǜ rán qí měi lì de wài biǎo
的蛇一样。体色如翡翠的翠绿蚺，其美丽的外表
bù jǐn piào liàng hái wèi tā tí gōng le jí jiā de bǎo hù sè wǎng wén
不仅漂亮，还为它提供了极佳的保护色。网纹

rán mǎng shì rán mǎng zhōng
蚺蟒是蚺蟒中
tǐ xíng zuì dà de yī
体形最大的一
zhǒng tā de tǐ cháng
种，它的体长
kě dá mǐ shì shì
可达11米，是世
jiè shàng zuì dà de mǎng
界上最大的蟒。

大蟒蛇吞食山羊

cí xióng mǎng jiāo pèi hòu jīng guò gè yuè de shí jiān cí
mǎng huì chǎn xià gè luǎn rán hòu yòng shēn tǐ bǎ luǎn tuán tuán
wéi zhù yòng zì jǐ de tǐ wēn fū huà chū xiǎo mǎng gāng chū shēng de xiǎo
mǎng jǐn yǒu lí mǐ cháng yǔ tā men de mā ma xiāng bǐ
zhēn zhèng shì xiǎo wū jiàn dà wū

雌雄蟒交配后，经过3~4个月的时间，雌蟒会产下50~100个卵，然后用身体把卵团团围住，用自己的体温孵化出小蟒，刚出生的小蟒仅有60~70厘米长，与它们的妈妈相比，真正是小巫见大巫。

rán mǎng de fù bù dōu yí liú yǒu tuǐ de hén jì zhè zhèng míng
mǎng de zǔ xiān céng jīng shì yǒu tuǐ de

蚺蟒的腹部都遗留有腿的痕迹，这证明，蟒的祖先曾经是有腿的。

dāng nǐ fā xiàn yī tiáo rán mǎng dù zi gāo gāo lóng qǐ zhè shuō míng
tā gāng bǔ shí guò liè wù zhè shí de rán mǎng shì zuì hé shàn de gōng
jī lì jí ruò tā yù dào dí rén shí dōu huì zhǔ dòng táo yì

当你发现一条蚺蟒肚子高高隆起，这说明它刚捕食过猎物。这时的蚺蟒是最和善的，攻击力极弱，它遇到敌人时都会主动逃逸。

shé de yùndòng

§蛇的运动

rén men cháng yòng huà shé tiān zú lái biǎo shì duō cǐ yī
人们常用“画蛇添足”来表示“多此一
jǔ shé suī rán méi yǒu jiǎo què néng xíng jìn zì rú zhè shì yīn wèi
举”。蛇虽然没有脚，却能行进自如。这是因为
shé de zhěng gè shēn tǐ dōu shì yùn dòng qì guān shé shēn suī cháng dàn
蛇的整个身体都是运动器官。蛇身虽长，但
hěn líng huó yào zhī dào tā de jǐ zhuī gú yǒu kuài xiāng
很灵活。要知道，它的脊椎骨有100～400块，相
lín jí zhuī gú kě yǐ shàng xià zuǒ yòu wān qū
邻脊椎骨可以上下、左右弯曲。

shé méi yǒu xiōng gǔ tā de lèi gǔ kě yǐ qián hòu zì yóu huó dòng
蛇没有胸骨，它的肋骨可以前后自由活动。
dāng lèi gǔ shàng de jī ròu shōu suō shí lèi gǔ jiù xiàng qián yí dòng
当肋骨上的肌肉收缩时，肋骨就向前移动，
dài dòng lín piàn qián yí dàn zhè shí zhǐ shì lín piàn dòng ér shé shēn bù dòng
带动鳞片前移，但这时只是鳞片动而蛇身不动；
jǐn jiē zhe lē gǔ shàng de jī ròu fàng sōng lín piàn de jiān duān xiàng
紧接着，肋骨上的肌肉放松，鳞片的尖端像

jiǎo yī yàng　cǎi zhù le　cū cāo bù píng de　dì miàn huò shù gān děng qí　tā
脚一样，踩住了粗糙不平的地面或树干等其他
wù tǐ　kào fǎn zuò yòng lì　bǎ shé shēn tuī xiàng qián fāng
物体，靠反作用力把蛇身推向前方。

yǒu shí hou　shé shì　yī kào shēn suō yùn dòng qián jìn de　tā men
有时候，蛇是依靠伸缩运动前进的。它们
cháng cháng xiān bǎ wěi bù　gù dìng zhù　tóu hé jǐng bù xiàng qián shēn zhǎn
常常先把尾部固定住，头和颈部向前伸展，
rán hòu zài yòng jǐng bù　zhuā zhù　dì miàn　shēn tǐ　de qián miàn pán
然后再用颈部“抓住”地面，身体的前面盘
xuán qǐ lái　zhè shí wěi bù suō guò qù　jiù zhè yàng yī shēn yī suō　shé
旋起来，这时尾部缩过去。就这样一伸一缩，蛇
biàn huì qián jìn　zhè zhǒng yùn dòng fāng shì　tè bié shì　yí　yú shé zài nán
便会前进。这种运动方式，特别适宜于蛇在难
yǐ zhuǎn shēn de yáng cháng xiǎo dào shàng xíng zǒu
以转身的羊肠小道上行走。

蛇的运动

有些蛇会用蟹步横行。用这种方式行进时，蛇俨然成了横行将军——螃蟹的架势。运动时蛇和身体另外两部分接触地面，其余部分都悬空着，蛇开始作侧向运动。对于生活在沙漠地区的蛇来说，这种运动方式有很大的优越性：蛇向前推进时，沙子被向后推压而堆积起来，这样可以防止蛇的滑动，还能增加向前的推动力。

依靠这些运动方式，没有脚的蛇照样能快速爬行。而且，它们的爬行速度与龟、鳖、鳄和蜥蜴相比，一点也不逊色。

hǎi shé hǎi yáng shā shǒu
§海蛇——海洋杀手

shēng huó zài nèi lù de rén kǒng pà dōu méi yǒu jiàn guò hǎi shé dàn
生活在内陆的人恐怕都没有见过海蛇，但
wǎng wǎng tīng shuō guò néng
往往听说过能
hū fēng huàn yǔ de hǎi dǐ
呼风唤雨的海底
jiāo lóng hé yòu rén shàng
蛟龙和诱人上
dàng de rén miàn shé shēn měi
当的人面蛇身美
nǚ de gù shì zhè
女的故事。这

海蛇

jiāo lóng hé měi nǚ qí shí zhǐ de jiù shì hǎi shé
“蛟龙”和“美女”，其实指的就是海蛇。

hǎi shé hé lù shēng shé yī yàng yě yǒu jiào gāo de jīng jì jià zhí
海蛇和陆生蛇一样，也有较高的经济价值。
hǎi shé de ròu wèi xiān měi shì hǎi wèi zhōng de zhēn yáo měi wèi hǎi shé
海蛇的肉味鲜美，是海味中的珍肴美味。海蛇

yǐ yú xiā wéi shí tā de ròu hán yǒu gāo dàn bái wèi dào xiān měi yíng
以鱼虾为食，它的肉含有高蛋白，味道鲜美，营
yǎng fēng fù kě yǐ xiān shí yě kě jiā gōng chéng guàn tou shí pǐn shì
养丰富，可以鲜食，也可加工成罐头食品。是
yī zhǒng zī bǔ zhuàng shēn de jiā pǐn jù yǒu cù jìn xuè yè xún huán hé
一种滋补壮身的佳品，具有促进血液循环和
zēng qiáng xīn chén dài xiè de zuò yòng cháng yòng yú bìng hòu chǎn hòu tǐ
增强新陈代谢的作用，常用于病后、产后体
xū děng zhèng gèng shì lǎo nián rén de zī bǔ shàng pǐn
虚等症，更是老年人的滋补上品。

hǎi shé pí kě yǐ zhì qín mó jí zhuāng shì pǐn rú gè zhǒng shǒu tí
海蛇皮可以制琴膜及装饰品，如各种手提
dài děng shé dú kě zhì chéng zhì ái yào wù shé dú xuè qīng hái kě
袋等；蛇毒可制成治癌药物“蛇毒血清”，还可
yǐ yòng yú zhì dú shé yǎo shāng zuò gú shén jīng tòng fēng shī děng zhèng
以用于治毒蛇咬伤、坐骨神经痛、风湿等症，
bìng kě tí qǔ duō zhǒng huó xìng méi shé xuè zhì què bān shí fēn yǒu xiào
并可提取10多种活性酶；蛇血治雀斑十分有效；
shé yóu kě zhì chéng ruǎn gāo tú liào shé dǎn kě rù yào jìn yào jiǔ yǒu
蛇油可制成软膏、涂料；蛇胆可入药，浸药酒有
bǔ shēn hé zhì fēng shī zhī gōng xiào
补身和治风湿之功效。

wǒ guó zǎo jiù fā xiàn le hǎi shé de rù yào gōng xiào táng dài chén
我国早就发现了海蛇的入药功效，唐代陈
cáng qì de běn cǎo shí yí zhōng jiù yǒu xiáng xì jì zǎi xiàn dài yī
藏器的《本草拾遗》中就有详细记载。现代医

xué yán jiū rèn wèi jǐn cóng hǎi shé dú yī xiàng lái shuō tā jiù hán yǒu
学研究认为，仅从海蛇毒一项来说，它就含有
duō zhǒng shēng wù méi yǒu jí gāo de shēng wù huó xìng kě fēn lí tí
多种生物酶，有极高的生物活性，可分离提
chún duō zhǒng méi lèi yòng yú yī yào kē yán hé shēng wù gōng chéng děng
纯多种酶类，用于医药、科研和生物工程等
fāng miàn duì hǎi shé jìn xíng kāi fā yán jiū yǐ yǐn qǐ gè guó kē yán gōng
方面。对海蛇进行开发研究已引起各国科研工
zuò zhě de gāo dù zhòng shì
作者的高度重视。

shān hú shé
§ 珊瑚蛇

shān hú shé dà yuē yǒu zhǒng shēn shàng de huā wén tú àn xǐng
珊瑚蛇大约有65种，身上的花纹图案醒

mù ér qiě tǐ sè jí qí
目而且体色极其

yàn lì zhǔ yào yǒu
艳丽，主要有

hóng huáng lán huò
红、黄、蓝或

hóng bái lán zhǒng
红、白、蓝3种

yán sè de huán wén dā
颜色的环纹搭

珊瑚蛇

pèi shān hú shé shēn tǐ hěn duǎn hún shēn cū xì jūn yún nǎo dài xiǎo
配。珊瑚蛇身体很短，浑身粗细均匀，脑袋小

ér qiě yuán
而且圆。

shān hú shé xí guàn guò yǐn bì de shēng huó xǐ huan zài yè jiān huó
珊瑚蛇习惯过隐蔽的生活，喜欢在夜间活

dòng bái tiān hěn shǎo jiàn dào tā men de yòu zǎi chū shēng shí fēi cháng
动，白天很少见到。它们的幼崽出生时非常
xiǎo zhǐ yǒu chéng nián rén de shǒu zhǎng nà me duǎn
小，只有成年人的手掌那么短。

shān hú shé yǒu zhe měi lì de wài biǎo kě ài de xíng tǐ dàn shì
珊瑚蛇有着美丽的外表、可爱的形体，但是
zhè yī qiè dōu zhǐ shì huò rén zhī xiāng dà bù fen de shān hú shé dōu shēn
这一切都只是惑人之相，大部分的珊瑚蛇都身
fù jù dú gù yǒu sú huà shuō hóng huán jiē zhuó huáng huán yǎo
负剧毒，故有俗话说：“红环接着黄环，咬
shàng yī kǒu jiù wán tā men de dú yǐ jīng bèi liè wéi zuì dú de yī
上一口就完”。它们的毒已经被列为最毒的一
zhǒng shé dú shǔ yú shén jīng xìng dú yè yī tiáo shān hú shé de dú
种蛇毒，属于神经性毒液。一条珊瑚蛇的毒，
kě yǐ qīng ér yì jǔ de ràng yī gè chéng nián rén sàng mìng
可以轻而易举地让一个成年人丧命。

shān hú shé shǔ yú yǎn jìng shé kē dàn shì cóng wài biǎo kàn lái què
珊瑚蛇属于眼镜蛇科，但是从外表看来却
yǔ yǎn jìng shé jiǒng rán bù tóng ér qiě zài shēng huó xí xìng shàng yě dà
与眼镜蛇迥然不同，而且在生活习性上也大
xiāng jìng tíng
相径庭。

wěishān hú shé

伪珊瑚蛇

yǒu xiē shé wài biǎo kù shì shān hú shé shēn shang bù mǎn xiān yàn
有些蛇外表酷似珊瑚蛇，身上布满鲜艳
de sè huán dàn shì tā men shì wú dú de zhǐ bù guò jiè zhe shān hú shé
的色环，但是它们是无毒的，只不过借着珊瑚蛇
de míng shēng zhāo yáo zhuàng piàn dàn néng duǒ bì dí rén de qīn rǎo
的名声招摇撞骗，但能躲避敌人的侵扰。

bā xī yǒu yī zhǒng shān hú shé tóu hé wěi ba zhǎng de yī
巴西有一种珊瑚蛇，头和尾巴长得一
yàng cū xì měi dāng tā men yù dào dí rén shí dū huì jiǎo huá de
样粗细，每当它们遇到敌人时，都会狡猾地
bǎ tóu hé wěi yī kuài lì qǐ lái dāng dí rén zhèng chù yú hùn luàn
把头和尾一块立起来，当敌人正处于混乱
zhuàng tài xiǎng yào fēn qīng nǎ gè shì tóu nǎ gè shì wěi shí tā
状态，想要分清哪个是头、哪个是尾时，它
men zǎo jiù táo zhī yāo yāo le
们早就逃之夭夭了。

shé ài tù shé tou
§蛇爱吐舌头

zài shé de kǒuzhōng yǒu xì cháng ér fēn chā de shé tou sú chèng shé
在蛇的口中，有细长而分叉的舌头，俗称蛇
xīn zi shé cháng cháng yī shēn yī suō de tù shé tou nà mú yàng zhēn jiào
芯子。蛇常常一伸一缩地吐舌头，那模样真叫
rén hài pà shé wèi shén
人害怕。蛇为什
me ài tù shé tou ne wǒ
么爱吐舌头呢？我
men zhī dào dòng wù de
们知道，动物的
shé tou tōng cháng shì wèi jué
舌头通常是味觉
qì guān kě shé de shé
器官，可蛇的舌

蛇舌

tou tè bié shì xiù jué qì guān tā de shàng miàn méi yǒu wèi lěi yīn cǐ tā
头特别，是嗅觉器官。它的上面没有味蕾，因此它
bù néng biàn bié tián kǔ là de wèi dào shé de shé tou cháng cháng shēn chū
不能辨别甜、苦、辣的味道。蛇的舌头常常伸出

kǒu wài néng bǎ kōng qì zhōng de gè zhǒng huà xué fēn zǐ nián fù huò róng jiě zài
口外，能把空气中的各种化学分子黏附或溶解在

shī rùn de shé miàn shàng rán hòu zài pàn duàn yù dào le shén me qíng kuàng
湿润的舌面上，然后再判断遇到了什么情况。

dāng shé bǎ shé tou shēn chū lái shí dé dào le yī xiē wù zhì wēi lì suō huí
当蛇把舌头伸出来时，得到了一些物质微粒，缩回

qù yǐ hòu shé tou jiù shēn dào le kǒu qiāng qián shàng fāng de yī duì xiǎo qiāng
去以后，舌头就伸到了口腔前上方的一对小腔

lǐ zhè gè bù wèi jiào zhù bí qì tā yǔ wài jiè bù xiāng tōng bù néng zhí
里。这个部位叫助鼻器，它与外界不相通，不能直

jiē chǎn shēng xiù jué dàn shì tā kào shé shé tou de bāng zhù néng shí xiàn xiù jué
接产生嗅觉，但是它靠蛇舌头的帮助能实现嗅觉

gōng néng zhù bí qì shì yóu xǔ duō gǎn jué xì bāo zǔ chéng de néng gòu bǎ
功能。助鼻器是由许多感觉细胞组成的，能够把

huà xué wù zhì zhè yī xìn xī tōng guò xiù jué shén jīng chuán dào dà nǎo zhōng jīng
化学物质这一信息通过嗅觉神经传到大脑中，经

guò xiù jué zhōng shū zōng hé hé fēn xī jiàn bié chū wēi lì zhōng de huà xué wù
过嗅觉中枢综合和分析，鉴别出微粒中的化学物

zhì jīng guò pàn duàn shé jiù kě yǐ zhǔn què de bǔ huò liè wù le bèi shé
质。经过判断，蛇就可以准确地捕获猎物了。被蛇

yǎo shāng de dòng wù táo zǒu shí shé kě yǐ lì yòng tā nà shēn suō de shé tou
咬伤的动物逃走时，蛇可以利用它那伸缩的舌头

hé líng mǐn de zhù bí qì tàn xún hé gēn zōng zhí dào zài cì fā xiàn bǔ zhuō de
和灵敏的助鼻器探寻和跟踪，直到再次发现捕捉的

duì xiàng zhè shí shé de liè wù jiù nán yǐ táo tuō le
对象。这时，蛇的猎物就难以逃脱了。

yǎn jìng shé hé yǎn jìng wáng shé
§眼镜蛇和眼镜王蛇

yǎn jìng shé shì yī zhǒng jù dú shé zhǎng zhe biǎn píng de bó jǐng
眼镜蛇是一种剧毒蛇，长着扁平的脖颈，
jīng cháng áng shǒu ér lì kǒu tǔ shé xīn tā men de tóu bù shàng hái
经常昂首而立，口吐舌芯。它们的头部上还
zhǎng zhe liǎng gè bái sè
长着两个白色
yuán huán kàn qǐ lái
圆环，看起来
xiàng dài le yī fù yǎn jìng
像带了一副眼镜
bān wén zhì bīn bīn de
般文质彬彬的，
dàn zhè yī qiē bìng bù néng
但这一切并不能
yǎn shì qí hěn qiáng de dú xìng hé jiǎo huá de bǔ shí shǒu duàn zhè zhǒng ràng
掩饰其很强的毒性和狡猾的捕食手段。这种让
rén tīng ér shēng wèi de dú shé zài yìn dù bèi shì wéi shé zhōng zhī
人听而生畏的毒蛇，在印度被视为“蛇中之
wáng
王”。

埃及眼镜蛇

眼镜蛇捕食的方法十分狡猾。它们在猎捕之时，会躲在草丛中，诡计多端地只露出尾巴轻轻摇动，伪装得惟妙惟肖，使得老鼠或者小鸟往往以为是蚯蚓，因而上当受骗，转眼工夫，老鼠或者小鸟就已成为它们的口中之餐了。

眼镜王蛇生活在亚洲的南部丛林中，我国南方人称其为“过山风”，它背面黑褐色，颈背有一“∧”形白色斑纹，身体背方有窄的白色镶黑边的带状横斑纹40~50个，腹面灰褐色，有黑色线状斑纹。一般全长在2~3米左右，最大的纪录可达5.71米。它生活于热带和亚热带丛林中，常在山溪水域附近，隐匿在岩缝或树洞内。有时能爬上树，由后半身缠绕树枝上，前半身悬空下垂或昂起。眼镜王蛇和眼镜蛇一样，激怒时前段身体能竖起，呈扁平状，“呼呼”出声。白天活动，主要捕食其他蛇类或蜥蜴。当它咬住猎物后，即衔住不放，并沿自己身体主轴不停地作顺、逆时针方向交替的快速转动，直至猎物中毒、麻痹、无力挣脱时，才逐渐将嘴沿猎获物身体向头部挪动，然后吞食。眼镜王蛇用落叶堆成巢窝，产卵于窝内，再覆以落叶；一般产卵21~23个，多者达40个；母蛇有护卵习性，盘伏在上层落叶堆上，有时雄蛇也参与护卵。刚孵出的小蛇即可达50多厘米长。

è yú
§鳄鱼

è yú yǒu yī gè tǒng zhuàng de shēn tǐ hòu miàn jiē zhe yī gè cháng ér
鳄鱼有一个桶状的身体，后面接着一个长而
yǒu lì de wěi ba wěi ba shàng miàn pái liè zhe xǔ duō lüè chéng sān jiǎo xíng de
有力的尾巴，尾巴上面排列着许多略呈三角形的
cháng tiáo lín piàn dāng tā měng liè pāi dǎ shí jiù chéng le yǒu xiào ér wēi xiǎn
长条鳞片，当它猛烈拍打时，就成了有效而危险
de wǔ qì jiǎo duǎn duǎn de shàng yǒu sì huò wǔ gè zhǐ bù fen yǒu pǔ lián
的武器；脚短短的，上有四或五个趾，部分有蹼连
zhe quán shēn fù yǒu tū chū de lín piàn shēn tǐ qián duān shì yī gè míng xiǎn de
着；全身覆有突出的鳞片，身体前端是一个明显的
dà tóu hái yǒu yī gè xuè
大头，还有一个血
pén dà kǒu nèi yǒu xiàng
盆大口，内有像
gāng dīng bān de yá chǐ
钢钉般的牙齿。

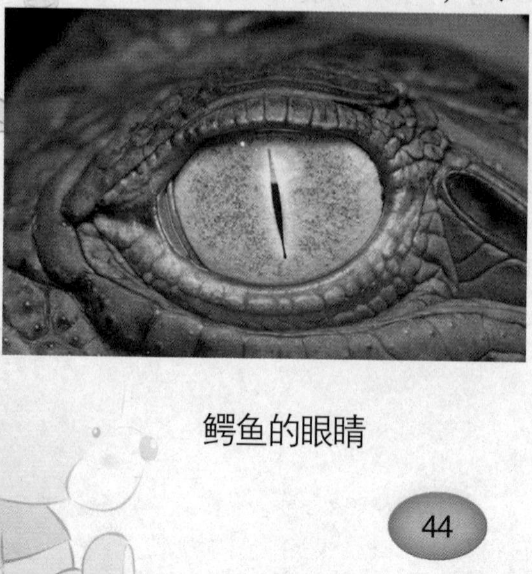

鳄鱼的眼睛

mù qián quán shì jiè de è
目前全世界的鳄

yú gòng yǒu duō zhǒng fēn wéi sì dà lèi è yú duǎn wěn è zhōng
鱼共有20多种，分为四大类：鳄鱼、短吻鳄、中
nán měi duǎn wěn è jí héng hé è
南美短吻鳄及恒河鳄。

è yú shì xiōng è wēi
鳄鱼是凶恶、危
xiǎn de dòng wù tā men qián rù
险的动物。它们潜入
shuǐ zhōng shí réng néng bǎ yǎn
水中时，仍能把眼
jing hé bí kǒng liú zài shuǐ miàn
睛和鼻孔留在水面
shàng yīn cǐ nà xiē dào hé biān
上，因此那些到河边
hē shuǐ de dòng wù huò qǔ shuǐ de
喝水的动物或取水的

鳄鱼

rén wǎng wǎng zài háo wú jǐng jué de qíng kuàng xià bèi è yú qiáng yǒu lì
人，往往在毫无警觉的情况下，被鳄鱼强有力
de shàng xià è gěi yǎo zhù le rán hòu bèi è yú tuō rù shuǐ zhōng yān sǐ
的上下颚给咬住了。然后被鳄鱼拖入水中淹死，
zài màn màn xiǎng yòng
再慢慢享用。

cí è jiāng dàn chǎn zài shā kēng huò fǔ làn de zhí wù duī zhōng yī cí
雌鳄将蛋产在沙坑或腐烂的植物堆中，依雌
è tǐ xíng de dà xiǎo měi cì kě chǎn méi dàn děng dào suǒ yǒu
鳄体形的大小，每次可产20~90枚蛋。等到所有

de dàn fū huà hòu cí è huì yòng zuǐ xián zhe gāng fū huà chū lái de xiǎo è
的蛋孵化后，雌鳄会用嘴衔着刚孵化出来的小鳄
yú bǎ tā men dài dào shuǐ biān
鱼，把它们带到水边。

xiàn jīn de rén men jīng cháng yòng è yú de yǎn lèi lái xíng róng
现今的人们经常用“鳄鱼的眼泪”来形容
yī gè jiǎ xīng xīng kū qì qí shí xīn huái guǐ tāi de rén è yú dí què
一个假惺惺哭泣，其实心怀鬼胎的人。鳄鱼的确
huì jīng cháng liú yǎn lèi zhī bù guò tā men shì zài pái xiè tǐ nèi duō
会经常流“眼泪”，只不过它们是在排泄体内多
yú de yán fèn ér yǐ yīn wèi è yú shènzāng de pái xiè gōngnéng hěn bù wán
余的盐分而已。因为鳄鱼肾脏的排泄功能很不完
shàn tǐ nèi de yán fèn jiù yào kào kāi kǒu wèi yú yǎn jing fù jìn de yán xiàn
善，体内的盐分就要靠开口位于眼睛附近的盐腺
lái pái xiè
来排泄。

è yú zài yù dào dí rén xū yào táo pǎo de shí hou jiù huì qián rù shuǐ
鳄鱼在遇到敌人需要逃跑的时候，就会潜入水
zhōng zài shuǐ zhōng tā men de ěr kǒng hé ěr duo huì bèi yī gè tè shū
中。在水中，它们的耳孔和耳朵会被一个特殊
de pí piàn gài zhù kě yǐ qǐ dào gé lí shuǐ de zuò yòng yǎn jing shàng yǒu
的皮片盖住，可以起到隔离水的作用。眼睛上有
yī céng tòu míng de yǎn jiǎn bì hé xià lái jiù xíng chéng le duì yǎn jing de
一层透明的眼睑，闭合下来，就形成了对眼睛的
bǎo hù mó è yú de hóu lóng hái yǒu yī gè é wài de pí piàn dāng tā
保护膜。鳄鱼的喉咙还有一个额外的皮片，当它

men zhāng zhe zuǐ dài zài shuǐ zhōng de shí hou zhè gè pí piàn kě yǐ fáng zhǐ shuǐ jìn rù dào tā men de fèi lǐ zhēn kě yǐ shuō shì shè shī jì quán zuò dào le dī shuǐ bù jìn

们张着嘴待在水中的时候，这个皮片可以防止水进入到它们的肺里。真可以说是设施齐全，做到了滴水不进。

è yú de yǎn jing
鳄鱼的眼睛

è yú de yǎn jing zhǎng zài tóu shàng jiào gāo de wèi zhì shàng suǒ yǐ wǒ men huì jīng cháng kàn dào tā men qián zài shuǐ lǐ yī dòng bù dòng zhī shèng xià liǎng zhī yǎn jing lòu zài wài miàn tā men de liǎng zhī yǎn jing kào dé hěn jìn bìng qiě dū mù shì qián fāng kě yǐ kàn dào sān wéi de wù tǐ zhè yàng è yú jiù kě yǐ jīng què pàn duàn chū wù tǐ lí tā men de jù lí ér qiě tā men de yè shì néng lì yě hěn hǎo yīn wèi zài yǎn jing hòu bù yǒu yī gè mó kě yǐ shǐ jìn kě néng duō de guāng xiàn fǎn shè jìn rù yǎn jing

鳄鱼的眼睛长在头上较高的位置上，所以我们会经常看到它们潜在水里，一动不动，只剩下两只眼睛露在外面。它们的两只眼睛靠得很近，并且都目视前方，可以看到三维的物体，这样鳄鱼就可以精确判断出物体离它们的距离。而且它们的夜视能力也很好，因为在眼睛后部有一个膜，可以使尽可能多的光线反射进入眼睛。

néng shēnghuó zài hǎi shuǐ zhōng de wān è
§能生活在海水中的湾鳄

wān è shì è lèi zhōng wéi yī néng shēng huó zài hǎi shuǐ zhōng de zhǒng
湾鳄是鳄类中唯一能生活在海水中的种

lèi tā guǎng bù yú dōng nán yà xīn jǐ nèi yà fēi lǜ bīn jí ào dà
类。它广布于东南亚、新几内亚、菲律宾及澳大

lì yà běi bù de rè dài yà rè dài dì qū qī xī zài yán hǎi gǎng wān
利亚北部的热带、亚热带地区，栖息在沿海港湾

湾鳄

jí zhí tōng wài hǎi de
及直通外海的

jiāng hé hú zhǎo zhōng
江河湖沼中，

suǒ yǐ yòu chēng xián
所以又称咸

shuǐ è
水鳄。

wǒ guó yuǎn zài
我国远在

táng sòng yǐ qián nán fāng de guǎng xī guǎng dōng fú jiàn tái wān děng
唐宋以前，南方的广西、广东、福建、台湾等

沿海港湾和内陆河流中，也生活着许多湾鳄，以后由于自然条件的变迁，数量逐渐减少，至20世纪初已不复存在了。

湾鳄身躯巨大，能长到5~6米长，1吨多重，并往往能活到100岁。湾鳄生性凶猛，而且足智多谋。平时经常呆在沼泽地里一动也不动，伪装成一块浮木的样子，吸引一些缺乏警惕性的动物上钩，成为它们的腹中之物。它们经常采用的捕猎方法或是偷偷潜近袭击，或是看准目标，突然甩起巨大的尾巴将对方打昏。湾鳄凶残贪婪，胃口极大，大型、小型动物都不放过，甚至还会吃人和吞食同种幼鳄。

湾鳄最大的经济价值是利用其皮制革，是世

jiè zhēn guì de pí gé zhī yī tài guó sì yǎng è yú shì fēi cháng chéng
界珍贵的皮革之一。泰国饲养鳄鱼是非常成

gōng de tā men jì kě gòng guān shǎng yòu kě tí gòng zhēn guì de pí
功的，它们既可供观赏，又可提供珍贵的皮

gé jù shuō hǎo de è yú pí měi píng fāng lí mǐ kě zhí yīng
革。据说，好的鳄鱼皮每平方厘米可值0.8英

bàng
镑。

yáng zǐ è
§扬子鳄

yáng zǐ è shēng huó zài wǒ guó jiāng sū ān huī zhè jiāng jiāng
扬子鳄生活在我国江苏、安徽、浙江、江
xī děng jiāng hé liú yù de zhǎo zé dì qū yáng zǐ è yǐ yú xiā
西等江河流域的沼泽地区，扬子鳄以鱼、虾、
bàng wā xiǎo niǎo jí shǔ lèi wéi shí tā hái yǒu yī zhǒng tūn shí shí kuài
蚌、蛙、小鸟及鼠类为食。它还有一种吞食石块
de xí xìng wèi le xún zhǎo shí kuài wǎng wǎng yào pǎo hěn yuǎn hěn yuǎn de
的习性，为了寻找石块，往往要跑很远很远的
lù chéng yuán lái
路程。原来
tā chī shí shí zhī néng
它吃食时只能
sī suì tūn shí yá
撕碎吞食，牙
chǐ méi yǒu jǔ jué
齿没有咀嚼、
qiē duàn shí wù de
切断食物的

扬子鳄

yáng zǐ è shì zhōng guó tè yǒu de yī zhǒng è yú
扬子鹗是中国特有的一种鳄鱼，
shì shì jiè shang tǐ xíng zuì xì xiǎo de è yú pǐn zhǒng zhī yī tā
是世界上体型最细小的鳄鱼品种之一。它
jì shì gǔ lǎo de yòu shì xiàn zài shēng cún shù liàng fēi cháng xī shǎo
既是古老的，又是现在生存数量非常稀少、
shì jiè shang bīn lín miè jué de pá háng dòng wù zài yáng zǐ è shēn
世界上濒临灭绝的爬行动物。在扬子鹗身
shang zhì jīn hái kě yǐ zhǎo dào zǎo xiān kǒng lóng lèi pá háng dòng wù
上，至今还可以找到早先恐龙类爬行动物
de xǔ duō tè zhēng suǒ yǐ rén men chēng yáng zǐ è wéi huó
的许多特征。所以，人们称扬子鹗为“活
huà shí
化石”。

gōng néng ér yáng zǐ è wèi bù de xiāo huà gōng néng yòu hěn ruò suǒ yǐ
功能，而扬子鳄胃部的消化功能又很弱，所以
tā hé xiǎo jī tūn shí suì shí shā lì yī yàng bì xū kào chī shí kuài lái
它和小鸡吞食碎石、砂粒一样，必须靠吃石块来
bāng zhù mó suì gú tóu hé jiǎ ké zhī lèi de yìng xìng shí wù bìng qiě yáng zǐ
帮助磨碎骨头和甲壳之类的硬性食物。并且扬子
è wú lùn dà xiǎo wèi zhōng shí kuài de zhòng liàng zǒng hé tǐ zhòng bǎo chí yī
鳄无论大小，胃中石块的重量总和体重保持一

dìng de bǐ lì yuán lái yáng zǐ è de zhè xiē shí kuài néng zēng jiā tā
定的比例。原来，扬子鳄的这些石块能增加它
de tǐ chóng shǐ tā néng zài shuǐ dǐ jìng wò huò wěn tuǒ dì xíng dòng shèn
的体重，使它能在水底静卧或稳妥地行动，甚
zhì jí liú jù làng yě bù huì bǎ tā chōng zǒu
至急流巨浪也不会把它冲走。

ní luó hé è
§尼罗河鳄

zhè zhǒng è yú zhǔ yào shēng huó zài hú pō hé hé liú lǐ. tā men
这种鳄鱼主要生活在湖泊和河流里。它们

jīng cháng huì tōu xí nà xiē xià hé yǐn shuǐ de dòng wù, bǎ liè wù tuō rù
经常会偷袭那些下河饮水的动物，把猎物拖入

shuǐ lǐ, shǐ qí nì shuǐ ér
水里，使其溺水而

wáng. ní luó hé è de
亡。尼罗河鳄的

qiú ǒu biǎo yǎn yǔ zhòng bù
求偶表演与众不

tóng, cǐ shí xióng è huì
同，此时雄鳄会

shǒu hù zhe yī duàn dī àn,
守护着一段堤岸，

尼罗河鳄

dà shēng hǒu jiào yǐ yán jìn qí tā è yú chuǎng rù. dāng cí è bèi cǐ
大声吼叫以严禁其他鳄鱼闯入。当雌鳄被此

shēng yīn xī yǐn qián lái xiāng huì hòu, xióng è jiù huì xìng fèn de bǎi dòng
声音吸引前来相会后，雄鳄就会兴奋地摆动

shēn tǐ, jiāng shuǐ cóng bí kǒng shè xiàng tiān kōng.
身体，将水从鼻孔射向天空。

liè xī
§鬣蜥

yī tí qǐ tā de míng zi hěn duō rén dōu huì gǎn dào mò shēng qí
一提起它的名字，很多人都会感到陌生，其
shí liè xī shì pá xíng dòng wù zhōng zuì xīng shèng de yī gè lèi qún tā shēn
实鬣蜥是爬行动物中最兴盛的一个类群。它身
tǐ xì cháng shēn tǐ biǎo miàn fù gài zhe chǐ zhuàng de lín piàn tā zhǒng
体细长，身体表面覆盖着齿状的鳞片；它种
lèi fán duō shēn tǐ dà xiǎo chā yì hěn dà dà de yuē yǒu lí mǐ
类繁多，身体大小差异很大，大的约有70厘米
cháng xiǎo de cái zhǐ
长，小的才只
yǒu lí mǐ zuǒ yòu
有10厘米左右。

鬣蜥

liè xī de jiǎo zhǐ biǎn
鬣蜥的脚趾扁
píng bù jǐn kě zài
平，不仅可在
lù dì shang shēng huó
陆地上生活，

而且在水中也能游泳，也有些喜欢躲在树上。它们跑起来的速度相当快。由于体重轻，还可将身体直立成 45°角的姿势，以每小时 15 千米的速度跳跃。甚至在水面上做短距离行走。

有些鬣蜥的颈部长了一个大大的袋子，平时基本上是没有用武之地的。但是当它们求偶时，就会把这个“装饰袋”鼓成气囊来吸引异性，引起它们的注意，或者当有敌人侵袭时，用来恫吓敌人。

鬣蜥类绝大多数都以捕捉其他动物为食，少数为杂食性，既吃动物又吃植物。然而面貌奇丑的加拉帕戈斯鬣蜥仅以仙人掌为食，是个绝对温和的素食主义者。生活在美国西南部和墨西哥干

zào dì qū de liè xī zài xià è chù yǒu dú xiàn
燥地区的鬣蜥在下颚处有毒腺。

liè xī shì yī zhǒng ràng rén yìn xiàng shēn kè de dòng wù tā men shì
鬣蜥是一种让人印象深刻的动物，它们是
shì jiè shàng zuì dà de shí cǎo xī zhī yī dà bù fen shí jiān dōu dāi zài gāo
世界上最大的食草蜥之一，大部分时间都呆在高
gāo de shuǐ biān shù mù shàng shài tài yáng tā men de sì zhī hěn yǒu lì
高的水边树木上晒太阳。它们的四肢很有力，
shàng miàn shēng zhǎng jiān lì de zhǎo liè xī de shēng zhǎng sù dù màn yào
上面生长尖利的爪。鬣蜥的生长速度慢，要
yòng nián de shí jiān cái néng dào fán zhí nián líng zhè duì yú rèn hé yī gè
用 20 年的时间才能到繁殖年龄，这对于任何一个
pá xíng dòng wù lái shuō dōu shì yī xiàng jì lù suǒ yǐ rén men rèn wéi
爬行动物来说，都是一项纪录。所以人们认为，
tā men néng huó nián zhī jiǔ
它们能活 100 年之久。

§ 蜥蜴

现存蜥蜴约有2 500种之多，大致分成两大类：一类主要栖息在地表，身体略呈扁平；另一类生活在树上或水中，身体则是窄窄的。它们的尾巴多为长鞭状，也有短钝型。最引人注目的是，它们的尾巴断掉后，还可以再长出一条新的来，因此蜥蜴遇到危险时，就会利用断尾来转移敌人的注意力，好趁机逃

鳄蜥

yì
逸。

dà bù fen
大部分

xī yì yǐ kūn chóng
蜥蜴以昆虫

wéi shí tā men
为食，它们

kào zhe kǒu nèi de
靠着口内的

蜥蜴

cháng shé tou kuài sù xiàng wài tù chū jiù kě qīng sōng de jiāng kūn chóng
长舌头，快速向外吐出，就可轻松地将昆虫

juǎn jìn kǒu zhōng bǎo cān yī dùn bù guò yě yǒu lì wài běi měi dú xī yǐ
卷进口中饱餐一顿。不过也有例外，北美毒蜥以

jiào xiǎo de xī yì wéi shí shǎo shù liè xī zhī chī shù yè hé shuǐ guǒ ér
较小的蜥蜴为食；少数鬣蜥只吃树叶和水果；而

zhù zài hǎi biān de hǎi liè xī zé yǐ hǎi zǎo wéi shí
住在海边的海鬣蜥则以海藻为食。

è xī suī rán wài biǎo kàn qǐ lái hěn xiàng xī yì dàn liǎng zhě de
鳄蜥虽然外表看起来很像蜥蜴，但两者的

shēn tǐ jié gòu què dà bù xiāng tóng cǐ wài xī yì de xíng dòng xiǎn rán
身体结构却大不相同。此外，蜥蜴的行动显然

bǐ è xī kuài duō le ér è xī què yǐ huǎn màn de shēng huó jié zòu jí
比鳄蜥快多了，而鳄蜥却以缓慢的生活节奏及

xùn sù rù shuì ér wén míng xiá ěr
迅速入睡而闻名遐迩。

shì xī
§ 饰蜥

shì xī de jiā zú chéng yuán zhòng duō tā men de dà xiǎo yǔ wài xíng
饰蜥的家族成员众多，它们的大小与外形
yě gè bù xiāng tóng dàn tā men què yǒu yī gè gòng tóng diǎn nà jiù shì
也各不相同，但它们却有一个共同点，那就是
tā men jiè zhù shēn shàng kě yǐ lóng qǐ de cū sè lín piàn jiāng zì jǐ zhuāng
它们借助身上可以隆起的粗涩鳞片，将自己装
shì chéng gè zhǒng xià rén de mú yàng tā men de míng zi yě yīn cǐ ér dé
饰成各种吓人的模样，它们的名字也因此而得
míng shì xī de sì zhī hé zhǐ tóu hěn xì suǒ yǐ pǎo bù kuài tā men dǐ
名。饰蜥的四肢和趾头很细，所以跑不快，它们抵
yù dí rén de běn lǐng zhǔ yào kào gè zhǒng xià rén de mú yàng lái bǎo hù zì jǐ
御敌人的本领主要靠各种吓人的模样来保护自己。

shì xī lèi de chéng yuán shēn shang yǒu gè zhǒng gè yàng bù tóng de
饰蜥类的成员身上有各种各样不同的
zhuāng shì yǒu de shēn shang zhǎng mǎn le cì jiào jù cì xī yì yǒu
装饰，有的身上长满了刺，叫巨刺蜥蜴。有
de è xià zhǎng zhe yī dà duī hú xū yīn ér chēng qí wéi hú xū xī
的颚下长着一大堆胡须，因而称其为胡须蜥。

tā men dà duō yè jiān chū lái huó dòng yǐ kūn chóng wéi shí wèi le shì
它们大多夜间出来活动，以昆虫为食。为了适
yìng shù shang de shēng huó tā men méi yǒu zì gē wěi ba de néng lì
应树上的生活，它们没有自割尾巴的能力。

shēng huó zài ào dà lì yà běi bù de jǐng juàn xī yì bó zi shàng
生活在澳大利亚北部的颈圈蜥蜴，脖子上
zhǎng yǒu yī juàn wéi bó shì de zhě mó dāng yù dào dí rén shí tā huì
长有一圈围脖似的褶膜。当遇到敌人时，它会
bǎ zhě mó wán quán zhāng kāi zhè shǐ dé tā de shēn tǐ kàn shang qù dà
把褶膜完全张开，这使得它的身体看上去大
le xǔ duō hěn xiàng yī tóu zōng máo dǎo shù de xióng shī dí rén yī jiàn
了许多，很像一头鬃毛倒竖的雄狮。敌人一见
jiù xià de luò huāng ér táo rú guǒ bèi duì shǒu shí pò tā jiù huì zhàn
就吓得落荒而逃。如果被对手识破，它就会站
qǐ lái yòng liǎng zhī hòu jiǎo bèng tiào zhe táo zhī yāo yāo cǐ wài jǐng juàn xī yì
起来用两只后脚蹦跳着逃之夭夭。此外颈圈蜥蜴
zài qiú ǒu huò sàn rè shí yě huì zhāng kāi bó zi shang de zhě mó
在求偶或散热时也会张开脖子上的褶膜。

jué dà duō shù de xī yì zài yù dào qiáng dí shí huì jiāng wěi ba zì
绝大多数的蜥蜴在遇到强敌时，会将尾巴自
xíng duàn kāi chèn jī táo zǒu dàn shì xī què méi yǒu zì gē wěi ba de
行断开，趁机逃走。但饰蜥却没有自割尾巴的
néng lì tā men zhǐ huì wēi hè duì fāng
能力，它们只会威吓对方。

cǎi hóng shì xī de tóu shì sān jiǎo xíng de hóu lóng xià fāng de zhě huì
彩虹饰蜥的头是三角形的，喉咙下方的褶会

péng zhàng zēng dà dāng tā yù dào wēixiǎn shí tā yǐ cǐ lái wēi xié dí
膨胀增大。当它遇到危险时，它以此来威胁敌

rén xióng xìng de bèi bù hái yǒu zōng máo zhuàng de lín xìng fèn shí huì
人。雄性的背部还有鬃毛状的鳞，兴奋时会

shù qǐ lái shēn cái xiān xì de fēi xī shēn tǐ liǎng cè yǒu mó dāng tā
竖起来。身材纤细的飞蜥身体两侧有膜，当它

yí dòng shí huì zhǎn kāi xiàng chì bǎng yī yàng de mó fēi xiàng kōng zhōng
移动时，会展开像翅膀一样的膜飞向空中。

zhè tóngyàng yě shì xióng fēi xī xiàng yì xìng qiú ài de gōng jù
这同样也是雄飞蜥向异性求爱的工具。

shā mò jiǎo xī
§沙漠角蜥

zài běi měi zhōu mò xī gē de suǒ nuò lā shā mò dì qū xī yì bù
在北美洲墨西哥的索诺拉沙漠地区，蜥蜴不

jǐn zhǒng lèi fán duō ér qiě zhǎng de qí xíng guài zhuàng sè cǎi xuàn
仅种类繁多，而且长得奇形怪状，色彩绚

lì xíng dòng shén mì qí zhōng yǒu yī zhǒng biǎo pí jiān yìng de xī yì
丽，行动神秘。其中有一种表皮坚硬的蜥蜴

shàn shī piàn shù tā néng cóng yǎn jing zhōng pēn shè chū yī chuàn gāo dá
善施骗术，它能从眼睛中喷射出一串高达1.8

mǐ de xuè liú xià tuì tiān
米的血流吓退天

dí zhè zhǒng xī yì tōng
敌。这种蜥蜴通

cháng bèi chēng wéi shā mò
常被称为沙漠

jiǎo xī
角蜥。

角蜥

jiǎo xī yǒu hěn hǎo
角蜥有很好

de bǎo hù sè tā hún shēn shàng xià chéng shā sè yǔ shā mò huán jìng
的保护色，它浑身上下呈沙色，与沙漠环境
de sè diào yī mú yī yàng zhè yàng bù guǎn shì xiōng hěn de dà xíng pá
的色调一模一样。这样，不管是凶狠的大型爬
xíng dòng wù hái
行动物，还
shì niǎo lèi huò qí tā
是鸟类或其他
dòng wù dōu hěn nán
动物都很难
fā xiàn tā men jiǎo
发现它们。角
xī lì yòng bǎo hù
蜥利用保护
sè bù jǐn kě yǐ
色，不仅可以
duì fù dí hài hái
对付敌害，还
néng mí huò liè wù
能迷惑猎物。
tā men cháng cháng dāi
它们常常待

角蜥喷血

zài yī chù àn bīng bù dòng yī dàn liè wù jiāng tā men wù rèn wéi shì shā
在一处按兵不动，一旦猎物将它们误认为是沙
qiū yán shí xiàng tā men zǒu lái jiǎo xī jiù huì zhāng dà zuǐ ba
丘、岩石，向它们走来，角蜥就会张大嘴巴，

yī kǒu jiāng liè wù tūn xià
一口将猎物吞下。

jiǎo xī shēn shang hái zhǎng yǒu xǔ duō yòu jiān yòu yìng de lín piàn měi
角蜥身上还长有许多又尖又硬的鳞片，每
gè lín piàn dōu xiàng yī bǎ fēng lì de bǐ shǒu zhè shì jiǎo xī de zhòng yào
个鳞片都像一把锋利的匕首，这是角蜥的重要
fáng yù wǔ qì yǒu rén céng mù jī zhè yàng yī gè chǎng miàn yī tiáo shén
防御武器。有人曾目击这样一个场面：一条神
qì huó xiàn de xiǎng wěi shé měng de xiàng yī tiáo jiǎo xī fā qǐ jìn gōng qǐ
气活现的响尾蛇猛地向一条角蜥发起进攻，企
tú yī kǒu bǎ tā tūn xià bù liào gāng gāng tūn xià jiǎo xī de tóu bù què
图一口把它吞下。不料刚刚吞下角蜥的头部，却
bèi jiǎo xī bó zi shàng de bǐ shǒu zhuàng lín piàn cì chuān le hóu bù cǐ
被角蜥脖子上的匕首状鳞片刺穿了喉部。此
kè xiǎng wěi shé tòng kǔ jí le xiǎng tǔ chū jiǎo xī yòu bù kě néng
刻，响尾蛇痛苦极了，想吐出角蜥又不可能，
yīn wèi lín piàn chuān cì fāng xiàng yǔ yù tǔ chū fāng xiàng zhèng hǎo xiāng fǎn
因为鳞片穿刺方向与欲吐出方向正好相反。
zuì zhōng zhè tiáo xiǎng wěi shé yīn liú xuè guò duō ér sǐ qù
最终，这条响尾蛇因流血过多而死去。

jiǎo xī fáng shēn shù zuì qí tè de yī zhāo jiù shì pēn xuè zài suǒ nuò
角蜥防身术最奇特的一招就是喷血。在索诺
lā shā mò dì qū yǒu xǔ duō jiǎo xī de dí hài tè bié shì yī xiē jiǎo
拉沙漠地区，有许多角蜥的敌害，特别是一些狡
huá de měng shòu tā men sì hū zhī dào jiǎo xī shēn shang bǐ shǒu de lì
猾的猛兽，它们似乎知道角蜥身上匕首的厉

hài cóng bù yòng zuǐ qù xiān yǎo tā ér shì yòng zhǎo sī jiǎo xī zhì sǐ
害，从不用嘴去先咬它，而是用爪撕角蜥致死。

měi dāng zhè shí hou jiǎo xī kàn dào lái zhě bù shàn jiù huì shǐ chū tā de
每当这时候，角蜥看到来者不善，就会使出它的

jué zhāo cóng yǎn jing lǐ pēn chū yī chuàn xuè zhū xià tuì dí hài
绝招，从眼睛里喷出一串血珠，吓退敌害。

biàn sè lóng
§变色龙

biàn sè lóng xué míng bì yì yǐ bǔ shí kūn chóng wéi shēng tā
变色龙，学名避役，以捕食昆虫为生，它
yǒu biàn sè yī mù èr shì hé yòng shé qǔ wù sān dà
有“变色”、“一目二视”和“用舌取物”三大
jué zhāo tā tǐ nèi yǒu xǔ duō tè shū
绝招。它体内有许多特殊
de sè sù xì bāo dāng wài jiè yán sè
的色素细胞，当外界颜色
fā shēng biàn huà tā jiù xùn sù de tiáo
发生变化，它就迅速地调
zhěng xì bāo zhōng de sè sù fēn bù shǐ
整细胞中的色素分布，使
shēn tǐ de sè cǎi yǔ huán jìng yī zhì
身体的色彩与环境一致。

变色龙

tā yǒu liǎng zhī yuán gǔ gǔ de yǎn
它有两只圆鼓鼓的眼
jing yǎn jing wài zhào zhe yī gè yuán zhuī
睛，眼睛外罩着一个圆锥

xíng de lín gài shàng miàn zhǐ liú yī gè xiǎo kǒng shǐ tóng kǒng lòu zài wài
形的鳞盖，上面只留一个小孔使瞳孔露在外
miàn qí zuǒ yǎn néng dú lì huó dòng yī dàn fā xiàn kūn chóng yòng yī
面，其左眼能独立活动，一旦发现昆虫，用一
zhī yǎn jǐn dīng zhe mù biāo lìng yī zhī yǎn kě tóng shí xiàng hòu dīng zhe qí tā
只眼紧盯着目标，另一只眼可同时向后盯着其他
liè wù tā yǒu yī tiáo jiān duān péng dà yòu xì yòu cháng de shé tou
猎物。它有一条尖端膨大、又细又长的舌头，
dāng kūn chóng pá dào jù lí tā lí mǐ shí tā biàn miáo zhǔn mù
当昆虫爬到距离它20~30厘米时，它便瞄准目
biāo shǎn diàn bān cóng kǒu zhōng tù chū shé tóu zhǔn què de jiāng chóng zǐ zhān
标闪电般从口中吐出舌头，准确地将虫子粘
láo lā huí zuǐ lǐ rán hòu shé tou yī juǎn tūn rù dù lǐ
牢拉回嘴里，然后舌头一卷，吞入肚里。

bì hǔ
§壁虎

bì hǔ yòu jiào shǒu gōng tǐ cháng yuē lí mǐ bì
壁虎，又叫“守宫”，体长约10厘米。壁
hǔ sì jiǎo shàng de zhǐ yǔ zhǐ jūn biǎn píng kuò dà zhǐ xià miàn shì pí fū
虎四脚上的指与趾均扁平扩大。趾下面是皮肤
zhě zhòu shàng miàn yǒu wēi xì xiàn máo yīn cǐ yǒu jí qiáng de nián
褶皱，上面有微细腺毛，因此，有极强的黏
fù lì néng zài qiáng hé tiān huā bǎn shàng pá xíng tā bù yǎo rén shàn
附力，能在墙和天花板上爬行。它不咬人，善
bǔ shí wén yíng yù dào dí hài yǐ duàn qí wěi ér zì wèi
捕食蚊蝇。遇到敌害，以断其尾而“自卫”。

壁虎

bì hǔ duàn xià lái
壁虎断下来
de wěi ba yīn shàng
的尾巴，因上
miàn yǒu shén jīng shàng néng
面有神经尚能
tiào dòng yǒu rén shuō tā
跳动，有人说它

huì zuān dào rén ěr duo lǐ qù qí shí zhè shì wù chuán bì hǔ de yào
会钻到人耳朵里去，其实这是误传。壁虎的药
yòng jià zhí hěn gāo kě zhì zhòng fēng jìng tòng děng qí gān zhì pǐn
用价值很高，可治中风、痉痛等，其干制品
chēng tiān lóng cháng jiàn de yǒu wú pǔ bì hǔ pǔ zhǐ bì hǔ děng
称“天龙”。常见的有无蹼壁虎、蹼趾壁虎等。

dāng bì hǔ yù dào dí rén gōng jī shí tā de jī ròu jù
当壁虎遇到敌人攻击时，它的肌肉剧
liè shōu suō shǐ wěi bā duàn luò tóng shí bì hǔ shēn tǐ lǐ yǒu yī
烈收缩，使尾巴断落。同时壁虎身体里有一
zhǒng jī sù zhè zhǒng jī sù néng zài shēng wěi bā dāng bì hǔ wěi
种激素，这种激素能再生尾巴。当壁虎尾
bā duàn le de shí hou tā jiù rén huì fēn mì chū zhè zhǒng jī sù shǐ
巴断了的时候，它就人会分泌出这种激素使
wěi bā chǎng chū lái dāng wěi bā chǎng hǎo le zhī hòu tā jiù huì
尾巴长出来，当尾巴长好了之后，它就会
tíng zhǐ fēn mì
停止分泌。

kē mó duō lóng
§科摩多龙

nián yǒu liǎng gè hé lán rén yì wài de dēng shang le yìn dù
1910年，有两个荷兰人意外地登上了印度
ní xī yà yī gè míng jiào kē mó duō de xiǎo dǎo zài dǎo shang tā men jīng
尼西亚一个名叫科摩多的小岛。在岛上他们惊
qí de kàn dào yī gè tǔ rén zhèng zài tóng yī tiáo cháng yuē mǐ de kǒng
奇地看到，一个土人正在同一条长约2米的恐
lóng zhuàng de dòng wù jìn xíng zhe shū sǐ bó dǒu
龙状的动物进行着殊死搏斗。

jīng guò yī zhèn jǐn zhāng jīng xiǎn de rén shòu sī shā hòu tǔ rén
经过一阵紧张、惊险的人兽厮杀后，土人
huò shèng liǎng gè hé lán rén kàn de mù dèng kǒu dāi jiǎn zhí bù gǎn xiāng
获胜。两个荷兰人看得目瞪口呆，简直不敢相
xìn zì jǐ de yǎn jing yú shì tā men cóng tǔ rén shǒu zhōng mǎi xià le guài
信自己的眼睛。于是他们从土人手中买下了怪
shòu de shī tǐ lì jí chéng chuán fǎn huí le tā men guǎn xiá de dǎo yǔ
兽的尸体，立即乘船返回了他们管辖的岛屿。
xiāo xi hěn kuài chuán kāi le kē xué jiā men wèi zhī zhèn jīng yī shí jiān
消息很快传开了，科学家们为之震惊。一时间，

科摩多龙

zhuān jiā xué zhě
专家、学者
men fēn fēn lái kē mó
们纷纷来科摩
duō dǎo jìn xíng kǎo
多岛进行考
chá yán jiū
察、研究。

zhè guài wù bèi
这怪物被
dǎo shang jū mín chēng
岛上居民称
wéi kē mó duō lóng hòu jīng zhuān jiā yán jiū zhèng míng tā shí jì
为“科摩多龙”。后经专家研究，证明它实际
shang shì yī zhǒng dà xī yì xiàn chèng kē mó duō jù xī kē mó duō jù
上是一种大蜥蜴，现称科摩多巨蜥。科摩多巨
xī tǐ cháng kě dá mǐ zhòng qiān kè yàng zi yǒu
蜥体长可达2~4米，重100~150千克。样子有
xiē xiàng è yú shì shì jiè shàng xiàn cún zuì dà de xī yì lèi dòng wù
些像鳄鱼，是世界上现存最大的蜥蜴类动物。

kē mó duō jù xī suī bù shì kǒng lóng dàn yǔ kǒng lóng yǒu qīn yuán
科摩多巨蜥虽不是恐龙，但与恐龙有亲缘
guān xì xǔ duō shēng huó xí xìng yǔ kǒng lóng xiāng sì
关系，许多生活习性与恐龙相似。

jù xī zhǔ yào yǐ yě zhū hé lù wéi shí tǐ zhòng qiān kè
巨蜥主要以野猪和鹿为食，体重450千克

de shuǐ niú tā yě gǎn chī yǒu shí jìng chī rén tā bǔ liè dòng wù shí duō
的水牛它也敢吃，有时竟吃人。它捕猎动物时多
cǎi yòng shǒu zhū dài tù huò bī jìn tū xí de zhàn shù xiān zhuā zhù liè wù
采用守株待兔或逼近突袭的战术。先抓住猎物，
jiē zhe yǎo duàn liè wù hòu tuǐ de jīn jiàn shǐ liè wù tān dǎo zài dì rán
接着咬断猎物后腿的筋腱，使猎物瘫倒在地，然
hòu sī yǎo liè wù de fù bù tā yǒu shí xiān yòng gāng biān shì de dà wěi
后撕咬猎物的腹部。它有时先用钢鞭似的大尾，
yǐ xùn léi bù jí yǎn ěr zhī shì jiāng liè wù sǎo dǎo rán hòu zài měng pū
以迅雷不及掩耳之势将猎物扫倒，然后再猛扑
shang qù yī kǒu yǎo duàn liè wù de bó zi rán hòu màn màn xiǎng shòu
上去，一口咬断猎物的脖子，然后慢慢享受。

jù xī chī dōng xi shí shēng tūn huó yàn chī zhěng zhī xiǎo lù shí néng
巨蜥吃东西时生吞活咽，吃整只小鹿时能
xiàng wǒ men chī ròu wán zi yī yàng yī kǒu tūn xià bǔ dào dà de dòng wù
像我们吃肉丸子一样一口吞下。捕到大的动物，
xiān sī chéng xiǎo kuài zài hú lún tūn zhī kě néng bà wáng lóng de bǔ shí
先撕成小块再囫囵吞之。可能霸王龙的捕食
fāng shì yě shì zhè yàng
方式也是这样。

kē mó duō dǎo shang lín mào cǎo mì xī jiàn zòng héng cháo shī mèn
科摩多岛上林茂草密，溪涧纵横，潮湿闷
rè qì hòu jí zì rán huán jìng yǔ zhōng shēng dài hěn xiāng sì yīn ér
热。气候及自然环境与中生代很相似。因而
jù xī néng cóng kǒng lóng chēng bà de shí dài yī zhí cún huó dào xiàn zài
巨蜥能从恐龙称霸的时代一直存活到现在。

kē mó duō lóng　nián xìng chéng shóu　měi nián
科摩多龙3~5年性成熟，每年
qī yuè fā qíng　jiāo pèi　bā yuè kāi shǐ chǎn luǎn　gāng chéng
七月发情，交配，八月开始产卵。刚成
shóu de cí kē mó duō lóng zhǐ néng chǎn　méi luǎn　měi gé
熟的雌科摩多龙只能产4~6枚卵，每隔
tiān chǎn yī cì　shí suì zuǒ yòu　jìn rù chǎn luǎn wàng
2~3天产一次。十岁左右，进入产卵旺
qī　měi cì chǎn xià èr shí jǐ méi　jiāng luǎn mái zài shā wō lǐ
期，每次产下二十几枚，将卵埋在沙窝里，
kào tài yáng fú shè de zì rán wēn dù fū luǎn　bā gè yuè hòu
靠太阳辐射的自然温度孵卵，八个月后，
yòu xī cái pò ké ér chū　gāng chū ké shí　xiǎo xī dà xiǎo rú
幼蜥才破壳而出。刚出壳时，小蜥大小如
tóng wǒ men sì yǎng de jiā é　tā néng huó　nián
同我们饲养的家鹅。它能活100年。

guī yǒu duōshǎo zhǒng lèi

§龟有多少 种类

guī zhǔ yào fēn bù zài rè dài yà rè dài jí wēn dài děng jiào wēn nuǎn de

龟主要分布在热带、亚热带及温带等较温暖的

dì qū yǐ zhí wù

地区，以植物

wéi zhǔ shí ǒu ěr

为主食，偶尔

yě chī xiē jiào xiǎo de

也吃些较小的

dòng wù huò dòng wù de

动物或动物的

shī tǐ tōng cháng

尸体。通常，

陆龟

guī àn zhào shēng huó huán jìng de bù tóng dà zhì fēn wéi lù guī hǎi guī jí

龟按照 生活环境的不同，大致分为陆龟、海龟及

dàn shuǐ guī sān dà lèi guī de zhǒng lèi bù duō yuē yǒu zhǒng qí

淡水龟三大类。龟的种类不多，约有35种，其

海龟

zhōng yǐ gé guī
中以革龟

yòu chēng léng pí
（又称棱皮

guī de tǐ xíng zuì
龟）的体型最

páng dà shēn cháng
庞大，身长

yuē yǒu mǐ tǐ
约有2米，体

zhòng chāo guò qiān kè dà bù fen de guī dōu yǒu yī gè jiǎ ké zhè
重超过500千克。大部分的龟都有一个甲壳。这

zhǒng jiǎ ké dà duō fēi cháng jiān yìng tā men de shēn tǐ jiù cáng zài zhè gè
种甲壳大多非常坚硬，它们的身体就藏在这个

lèi sì hé zi de hòu ké lǐ lì yòng tā lái bǎo hù zì jǐ yǒu shí shèn
类似盒子的厚壳里，利用它来保护自己，有时甚

zhì wán quán suō jìn ké lǐ yǐ táo bì dí hài guī shì cháng shòu
至完全缩进壳里，以逃避敌害。龟是“长寿”

de xiàng zhēng mù qián yǐ zhī shì jiè shang yǐ yǒu zhǒng guī de shòu
的象征，目前已知，世界上已有3种龟的寿

mìng cháng dá suì zhè sān zhǒng guī jiù shì xī xī lǐ lù
命长达200～300岁。这三种龟就是西西里陆

guī tāng rú lù guī jí mǎ lì áng lù guī tā men dōu shǔ yú dà xíng de
龟、汤如陆龟及马利昂陆龟。它们都属于大型的

lù guī
陆龟。

húnshēn shì bǎo de dànshuǐ guī

§浑身是宝的淡水龟

dànshuǐ guī tǐ xíng jiào xiǎo tóu bù qián duān guāng huá tóu hòu sàn yǒu xiǎo lín bèi jiǎ shàng yǒu tiáo xiǎn zhù de zòng léng qī xī yú hé chuān hú bó shuǐ tián děng chù bàn shuǐ qī

淡水龟体型较小，头部前端光滑，头后散有小鳞，背甲上有3条显著的纵棱。栖息于河川、湖泊、水田等处，半水栖。

dànshuǐ guī chǎn dàn shí shí fēn yǒu qù mǔ guī měi nián chǎn cì měi cì gè mǔ guī zài chǎn dàn qián pá dào àn shang yòng qián jiǎo zài ní dì shang páo

淡水龟产蛋时十分有趣。母龟每年产1～2次，每次6～7个。母龟在产蛋前爬到岸上，用前脚在泥地上刨

淡水龟

chū yī gè xiǎo tán bìng zài xiǎo tán zhōng yāng fàng zhì yī gè ní wán zi
出一个小潭，并在小潭中央放置一个泥丸子，
rán hòu bǎ chǎn xià de dàn jūn yún de bǎi fàng zài ní wán zi zhōu wéi hǎo xiàng
然后把产下的蛋均匀地摆放在泥丸子周围，好像
rén men zài zhuāng jìn xiāng zi de bō lí qì jù zhī jiān jiā le fáng zhèn de pào
人们在装进箱子的玻璃器具之间加了防震的泡
mò sù liào yī yàng duì guī dàn qǐ le bǎo hù zuò yòng guī chǎn wán dàn
沫塑料一样，对龟蛋起了保护作用。龟产完蛋
hòu xiū xi jǐ fēn zhōng jiù yòng jiǎo bǎ ní gài zài dàn shàng hái zài
后，休息几分钟，就用脚把泥盖在蛋上，还在
shàng miàn liú yī xiǎo kǒng biàn yú fū chū lái de yòu guī pá chū lái
上面留一小孔，便于孵出来的幼龟爬出来。

guī shì lěng xuè dòng wù tǐ wēn suí wài jiè wēn dù de biàn huà ér gǎi biàn
龟是冷血动物，体温随外界温度的变化而改变。
yuè chū xué huó dòng mì shí yuè dào cì nián yuè dōng mián
4～10月出穴活动觅食，11月到次年3月冬眠。

dàn shuǐ guī hún shēn shì bǎo guī ròu yíng yǎng fēng fù kě zhì jīn
淡水龟浑身是宝。龟肉营养丰富，可治筋
gú téng tòng kǎ xiě děng zhèng lìng yǒu bǔ xuè gōng xiào guī bǎn shì
骨疼痛、咯血等症，另有补血功效；龟板是
míng guì de zhōng yào cái guī xuè kě zhì diē dǎ sǔn shāng tuō gāng děng
名贵的中药材；龟血可治跌打损伤、脱肛等
zhèng shí wéi zī bǔ bǎo jiàn jiā pǐn
症。实为滋补保健佳品。

zhēn guì de dài mào

§ 珍贵的玳瑁

dài mào shì yī zhǒng hǎi guī bèi jiǎ shí fēn měi lì chéng zōng
玳瑁是一种海龟，背甲十分美丽，呈棕

hóng sè qiě yǒu huáng sè huā bān dùn piàn dōu chéng fù wǎ zhuàng pái liè
红色且有黄色花斑，盾片都呈覆瓦状排列，

yǒu duì lèi dùn bèi jiǎ zài rì guāng xià shǎn xiàn hǔ pò yàng de guāng
有4对肋盾。背甲在日光下闪现琥珀样的光

huī guī lì kě ài
辉，瑰丽可爱。

tā men shēng huó zài rè
它们生活在热

dài hé yà rè dài hǎi
带和亚热带海

yáng jīng cháng chū mò
洋，经常出没

yú shān hú jiāo zhōng
于珊瑚礁中。

dài mào xìng qíng xiōng měng
玳瑁性情凶猛，

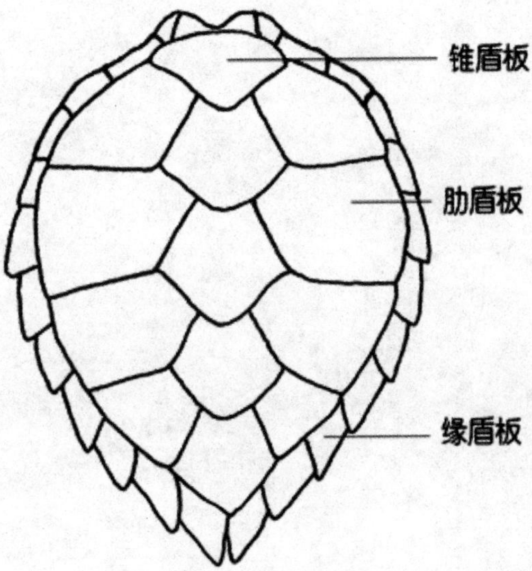

玳瑁鉴别图

shàng xià è qiáng ér yǒu lì bù jǐn néng bǎ jiān yìng de xiè ké yǎo suì
上下颚强而有力，不仅能把坚硬的蟹壳咬碎，
ér qiě ruǎn tǐ dòng wù de wài ké yě bù zài huà xià dài mào yī bān shēn
而且软体动物的外壳也不在话下。玳瑁一般身
cháng zhǐ yǒu jǐ shí lí mǐ tǐ zhòng qiān kè zuǒ yòu zhǔ shí yú
长只有几十厘米，体重 45 千克左右，主食鱼
lèi xiā xiè hé ruǎn tǐ dòng wù yě chī hǎi zǎo
类、虾、蟹和软体动物，也吃海藻。

hǎi guī
§海龟

hǎi guī shì léng pí guī kē hé hǎi guī kē de hǎi qī guī lèi de tǒng
海龟是棱皮龟科和海龟科的海栖龟类的统
chēng tā men wèi le shì yìng shuǐ zhōng shēng huó shēn tǐ bǐ jiào biǎn
称。它们为了适应水中生活，身体比较扁
píng sì zhī dōu biàn chéng qí zhuàng tā men chú le tóu tuǐ hé wěi
平，四肢都变成鳍状，它们除了头、腿和尾
ba yǐ wài quán shēn fù gài zhe yìng ké
巴以外，全身覆盖着硬壳。

hǎi guī yǔ lù dì
海龟与陆地
guī xiāng bǐ tā cháng
龟相比，它长
cháng de qián zhī hěn xiàng
长的前肢很像
jiǎng zhè shǐ de hǎi guī
桨，这使得海龟
néng zài shuǐ lǐ zì yóu zì
能在水里自由自

绿甲海龟

zài de áo yóu tā hè sè huò àn lǜ sè de jǐ bù shàng zhang yǒu huáng
在地遨游。它褐色或暗绿色的脊部上长有黄
bān tóu dǐng shang zhǎng yī kuài cháng é lín hǎi guī shì tǐ xíng zuì dà
斑，头顶上长一块长额鳞。海龟是体形最大
de guī tā men de jiǎ cháng yī bān zài lí mǐ zuǒ yòu chú le
的龟，它们的甲长一般在100厘米左右。除了
chǎn luǎn hé shài tài yáng hǎi guī tōng cháng hěn shǎo shàng àn
产卵和晒太阳，海龟通常很少上岸。

jué dà duō shù guī de xìng qíng wēn hé yù dào dí rén shí zhǐ huì jiāng
绝大多数龟的性情温和，遇到敌人时只会将
tóu suō qǐ bù qù gōng jī dí rén dí rén duì tā yìng bāng bāng de ké
头缩起，不去攻击敌人。敌人对它硬邦邦的壳
yě háo wú bàn fǎ guī jiù shì píng jiè zhè zhǒng tè shū de běn néng yǐ
也毫无办法。龟就是凭借这种特殊的本能，已
zài dì qiú shang ān rán zì dé de shēng huó le yì nián
在地球上安然自得地生活了2亿年。

cí hǎi guī zhǐ yǒu chǎn luǎn shí cái shàng àn měi nián xià jì shì hǎi
雌海龟只有产卵时才上岸。每年夏季是海
guī de fán zhí qī cí hǎi guī pá dào shā tān shang wā dòng rán hòu jiāng
龟的繁殖期，雌海龟爬到沙滩上挖洞，然后将
méi luǎn chǎn zài dòng lǐ guò tiān xiǎo hǎi guī jiù
50~200枚卵产在洞里。过45~70天，小海龟就
fū huà chū lái le yǒu qù de shì měi dào xià jì hǎi guī huì fǎn huí
孵化出来了。有趣的是，每到夏季，海龟会返回
dào tóng yī kuài shā tān shang chǎn luǎn
到同一块沙滩上产卵。

lǜ jiǎ hǎi guī kě yǐ zài shuǐ xià dāi gè xiǎo shí wèi le jié yuē
绿甲海龟可以在水下待5个小时，为了节约
yǎng qì hǎi guī de xīn zàng měi fēn zhōng cái tiào dòng yī cì
氧气，海龟的心脏每9分钟才跳动一次。

hǎi guī méi yǒu yá chǐ jǔ jué shí wù shí kào de shì zhǎng dé xiàng
海龟没有牙齿咀嚼食物时，靠的是长得像
jù chǐ xíng de xià ba
锯齿形的下巴。

méi yǒu guī ké de
§没有龟壳的

páng rán dà wù léng pí guī
庞然大物——棱皮龟

léng pí guī shì hǎi guī zhōng zuì róng yì biàn bié de zhǒng lèi tā shǔ
棱皮龟是海龟中最容易辨别的种类。它属

yú guī biē mù léng pí guī kē léng pí guī shǔ de yī zhǒng yòu chēng gé bèi
于龟鳖目棱皮龟科棱皮龟属的一种，又称革背

guī gé guī yàn zi guī shān bǎn guī quán cháng kě chāo guò mǐ
龟、革龟、燕子龟、舢板龟。全长可超过2米，

tǐ zhòng kě dá qiān kè shì xiàn shēng guī biē lèi dòng wù
体重可达500～1 000千克，是现生龟鳖类动物

zhōng tǐ xíng zuì dà de zhǒng lèi yě shì qián shuǐ zuì shēn jí lǚ xíng zuì yuǎn
中体型最大的种类，也是潜水最深及旅行最远

de hǎi guī
的海龟。

léng pí guī shēn shang bìng méi yǒu lín piàn zhǎo jí dùn bǎn děng gòu
棱皮龟身上并没有鳞片、爪及盾板等构

zào zhǐ yǒu róu ruǎn de gé zhì pí fū shí fēn guāng huá bèi miàn wài
造，只有柔软的革质皮肤，十分光滑。背面外

pí shàng yǒu tiáo zòng jí kě bǎo liú zhōng shēng fù miàn de tiáo
皮上有7条纵嵴，可保留终生；腹面的5条

棱皮龟

zòng jí suí suì yuè
纵嵴，随岁月
de zēng zhǎng ér kě
的增长而可
néng xiāo shī sì
能消失。四
zhī chéng qí zú
肢呈鳍足
zhuàng wú zhǎo
状，无爪，
qián zhī hěn cháng hòu zhī duǎn wěi duǎn tǐ bēi chéng qī hēi sè huò àn
前肢很长，后肢短，尾短。体背呈漆黑色或暗
hè sè wēi dài huáng bān fù miàn sè qiǎn
褐色，微带黄斑，腹面色浅。

léng pí guī de tǐ xíng jiào dà huó dòng liàng jiào gāo shēn tǐ kě
棱皮龟的体型较大，活动量较高，身体可
yǐ bǎo chí yī dìng de tǐ wēn néng shì yìng jiào hán lěng de huán jìng zhǔ yào
以保持一定的体温，能适应较寒冷的环境。主要
fēn bù yú shì jiè gè wēn dài zhì rè dài hǎi yù yǒu shí zài kào jìn běi bīng
分布于世界各温带至热带海域，有时在靠近北冰
yáng fù jìn de hǎi yù yě néng gòu fā xiàn tā men de shēn yǐng
洋附近的海域也能够发现它们的身影。

léng pí guī quán nián chǎn luǎn luǎn chéng cháng tuǒ yuán xíng měi cì
棱皮龟全年产卵，卵呈长椭圆形，每次
chǎn méi luǎn de zhí jìng lí mǐ mái yú shā xià
产90~150枚，卵的直径5~6厘米，埋于沙下，

xiǎo guī jīng tiān cái néng bèi fū huà chū lái léng pí guī xǐ huan
小龟经65～70天才能被孵化出来。棱皮龟喜欢
chī shuǐ mǔ shàn yú yóu yǒng yǐ xiā xiè ruǎn tǐ dòng wù yú
吃水母，善于游泳，以虾、蟹、软体动物、鱼
lèi hǎi zǎo děng wéi shí léng pí guī yóu yú shì lì bù hǎo yīn cǐ
类、海藻等为食。棱皮龟由于视力不好，因此
cháng cháng bǎ hǎi miàn piāo fú de sù liào dài huò zhě qí tā lā jī dāng zuò
常常把海面漂浮的塑料袋或者其他垃圾当作
shuǐ mǔ chī le jié guǒ shǐ dà liàng de léng pí guī sǐ yú rén lèi zhì zào de
水母吃了，结果使大量的棱皮龟死于人类制造的
bái sè lā jī chú cǐ zhī wài yú mín de yú wǎng hé hǎi miàn fēi sù xíng
白色垃圾。除此之外，渔民的鱼网和海面飞速行
shǐ de chuán zhī dū huì wēi xié léng pí guī de shēng mìng
驶的船只，都会威胁棱皮龟的生命。

léng pí guī guǎng fàn fēn bù yú tài píng yáng dà xī yáng hé yìn dù
棱皮龟广泛分布于太平洋、大西洋和印度
yáng wǒ guó yán hǎi gè shěng jūn yǒu fēn bù
洋，我国沿海各省均有分布。

chéng nián de léng pí guī yīn wèi ròu zhì cū cāo ér wú fǎ shí yòng
成年的棱皮龟因为肉质粗糙而无法食用，
dàn tā men de luǎn què shì shàng děng de měi wèi jiā yáo
但它们的卵却是上等的美味佳肴。

鸟类

NIAO LEI

niǎo lèi zhōng de shòuxing
§鸟类中的寿星

bǐ qǐ rén hé qí tā de bǔ rǔ dòng wù lái niǎo lèi de shòu mìng
比起人和其他的哺乳动物来，鸟类的寿命
xiāng duì yào duǎn de duō bù guò yě yǒu gè bié de niǎo shòu mìng bǐ jiào
相对要短得多。不过，也有个别的鸟寿命比较
cháng nà me nǐ zhī dào nǎ yī zhǒng niǎo shì niǎo lèi zhōng de shòu xing
长。那么，你知道哪一种鸟是鸟类中的寿星
ma
吗？

shuō dào niǎo lèi
说到鸟类
zhōng de shòu xing dà
中的寿星，大
gài yào shù huǒ liè niǎo
概要数火烈鸟
le huǒ liè niǎo de
了。火烈鸟的
shòu mìng zuì gāo
寿命最高

火烈鸟

kě dá suì jí shǐ yǔ rén bǐ qǐ lái yě bù xùn sè huǒ liè niǎo xǐ
可达 80 岁，即使与人比起来也不逊色。火烈鸟喜
huan shēng huó zài xián shuǐ hú zhǎo zé dì dài de biān yuán chéng qún de
欢 生 活在咸水湖、沼泽地带的边缘，成群的
huǒ liè niǎo jiù xiàng yī tuán rán shāo de huǒ yàn huǒ liè niǎo gēn hè yǒu xiē
火烈鸟就像一团燃烧的火焰。火烈鸟跟鹤有些
xiāng sì zuǐ wān qū jǐng bù hěn cháng yǔ máo chéng bái sè wēi hóng
相似，嘴弯曲，颈部很长，羽毛呈白色微红，
zhǐ jiān yǒu pǔ zhǔ yào bǔ shí xiǎo yú hé gé lí yě chī kūn chóng hé xiǎo
趾间有蹼。主要捕食小鱼和蛤蜊，也吃昆虫和小
cǎo
草。

huǒ liè niǎo shǔ yú dà xíng niǎo lèi zhǔ yào shēng huó zài dì zhōng hǎi yán
火烈鸟属于大型鸟类，主要生活在地中海沿
àn tā men tǐ cháng mǐ shí fēn shàn cháng yóu yǒng měi nián
岸。它们体长 1~1.5 米，十分擅长游泳。每年
chūn tiān huǒ liè niǎo dōu yào dìng shí tuō huàn yǔ máo chū huàn xīn zhuāng shí
春天，火烈鸟都要定时脱换羽毛。初换新装时，
tā de yǔ máo yán sè gèng jiā yàn lì dòng rén shí fēn rě rén xǐ ài huǒ
它的羽毛颜色更加艳丽动人，十分惹人喜爱。火
liè niǎo xǐ huan qún jū jīng cháng chéng qiān shàng wàn zhī jù jí mì shí hé
烈鸟喜欢群居，经常成千上万只聚集觅食和
xī xì guò zhe hóng hóng huǒ huǒ de dà jiā tíng shēng huó
嬉戏，过着红红火火的大家庭生活。

huǒ liè niǎo xǐ huan qún jū zài fēi zhōu de xiǎo huǒ
火烈鸟喜欢群居，在非洲的小火

liè niǎo shì dāng jīn shì jiè shang zuì dà de niǎo qún huǒ liè niǎo bù shì
烈鸟是当今世界上最大的鸟群。火烈鸟不是

yán gé de hòu niǎo zhǐ zài shí wù duǎn quē hé huán jìng tū biàn de shí
严格的候鸟，只在食物短缺和环境突变的时

hòu qiān xǐ qiān xǐ yī bān zài wǎn shàng jìn xíng zài bái tiān shí zé
候迁徙。迁徙一般在晚上进行，在白天时则

yǐ hěn gāo de fēi xíng gāo dù fēi xíng mù de jiù zài yú bì kāi měng
以很高的飞行高度飞行，目的就在于避开猛

qín lèi de xí jī qiān xǐ zhōng de huǒ liè niǎo měi wǎn kě yǐ
禽类的袭击。迁徙中的火烈鸟每晚可以50～

qiān mǐ de shí sù fēi xíng qiān mǐ
60千米的时速飞行60千米。

shuí zài niǎo lèi zhōng zuì néng gē shàn wǔ
§谁在鸟类中最能歌善舞

ào dà lì yà yǒu yī zhǒng qín niǎo shí fēn shàn yú chàng gē tiào
澳大利亚有一种琴鸟，十分善于唱歌、跳
wǔ bèi chēng wéi niǎo lèi de yīn yuè wǔ dǎo jiā
舞，被称为鸟类的“音乐舞蹈家”。

xióng xìng de qín niǎo pī zhe yī shēn piào liàng de yǔ máo wěi ba
雄性的琴鸟披着一身漂亮的羽毛。尾巴
shang yǒu gēn cháng cháng de wěi yǔ qí zhōng zuì wài cè de gēn
上有16根长长的尾羽，其中最外侧的2根
wěi yǔ jiān duān xiàng wài wān qū hái yǒu gēn yǔ zhóu zhǐ yǒu jiào zhǎi de
尾羽尖端向外弯曲，还有2根羽轴只有较窄的
nèi yǔ bàn bìng qiě yě xiàng wài wān qū qí yú de gēn wěi yǔ
内羽瓣，并且也向外弯曲。其余的12根尾羽
shang miàn yǒu sī zhuàng yǔ zhī dāng qín niǎo bǎ wěi ba shù qǐ lái shí
上面有丝状羽枝。当琴鸟把尾巴竖起来时，
tè bié xiàng xī fāng gǔ dài de qī xián shù qín suǒ yǐ rén men cái bǎ tā
特别像西方古代的七弦竖琴，所以人们才把它
jiào zuò qín niǎo
叫做琴鸟。

bù dàn rú cǐ xióng xìng qín niǎo hái néng gē shàn wǔ měi
不但如此，雄性琴鸟还“能歌善舞”。每
nián de wǔ liù yuè fèn shì qín niǎo de fán zhí jì jié xióng qín niǎo wèi le
年的五六月份，是琴鸟的繁殖季节。雄琴鸟为了
tǎo hǎo cí niǎo jiù shù qǐ bìng zhǎn kāi wěi yǔ yī biān chàng gē yī biān
讨好雌鸟，就竖起并展开尾羽，一边唱歌一边
tiào wǔ xī yǐn cí qín niǎo lái jià gěi tā cí qín niǎo suī rán
跳舞，吸引雌琴鸟来“嫁”给它。雌琴鸟虽然
zhǎng xiāng bù rú xióng qín niǎo dàn tā de shēng yīn hěn dú tè huì mó
长相不如雄琴鸟，但它的声音很独特，会模
fǎng gè zhǒng niǎo de jiào shēng jiù lián qì chē de lá bā shēng chē lún
仿各种鸟的叫声，就连汽车的喇叭声、车轮
de gǔn dòng shēng shèn zhì shì qí tā yī xiē dòng wù rú mǎ yáng gǒu
的滚动声，甚至是其他一些动物如马、羊、狗
de shēng yīn cí qín niǎo yě néng mó fǎng de wéi miào wéi xiāo qín niǎo bù
的声音，雌琴鸟也能模仿得惟妙惟肖。琴鸟不
kuì wèi niǎo lèi zhōng de gē wǔ jiā
愧为鸟类中的歌舞家。

shì jiè shàng shén me niǎo zuì měi lì

§世界上 什么鸟最美丽

jí lè niǎo shēng huó zài ào dà lì yà hé yī lǐ ān dǎo jí fù jìn de
极乐鸟 生活在澳大利亚和伊里安岛及附近的
ā lǔ qún dǎo shì yī zhǒng jí qí měi
阿鲁群岛，是一种极其美
lì hé shén mì de niǎo zài suǒ yǒu de
丽和神秘的鸟。在所有的
niǎo zhōng jí lè niǎo de yǔ máo yán
鸟中，极乐鸟的羽毛颜
sè shì zuì xuàn lì duō cǎi de yīn
色是最绚丽多彩的，因
cǐ jí lè niǎo yě shì shì jiè shang zuì
此，极乐鸟也是世界上最
zhù míng de guān shǎng niǎo tā tóu bù
著名的观赏鸟。它头部
wéi jīn lǜ sè cǎi sè yǔ máo yóu rú
为金绿色，彩色羽毛犹如
zhī jǐn hé chóu duàn wěi bù dāng zhōng
织锦和绸缎，尾部当中
liǎng gēn cháng cháng de xiàng jīn sī
两根长长的像金丝

极乐小鸟

bān de wěi yǔ zài yángguāng de zhàoyào xià shǎn shǎn fā guāng
般的尾羽，在阳光的照耀下，闪闪发光。

jí lè niǎo tǐ tài yōu měi yǔ sè huá lì qiě néng gē shàn
极乐鸟体态优美，羽色华丽，且能歌善
wǔ xióng jí lè niǎo de bèi chì wěi bù yǔ máo shì hè sè de
舞。雄极乐鸟的背、翅、尾部羽毛是褐色的，
dù zi shang de yǔ máo shì zǐ hè sè de tóu hé bó zi de yǔ máo
肚子上的羽毛是紫褐色的，头和脖子的羽毛
shì dànhuáng sè de hóu bù yòu shì lán lǜ sè de chì bǎng xià miàn
是淡黄色的，喉部又是蓝绿色的；翅膀下面
shēnchū hěn duō cháng cháng de jīn huáng sè de róu ruǎn yǔ máo wěi bù
伸出很多长长的金黄色的柔软羽毛；尾部
zhōng yāng yǒu yī duì juǎn qū ér xiū cháng de wěi yǔ měi dāng fán zhí
中央有一对卷曲而修长的尾羽。每当繁殖
jì jié lái lín xióng jí lè niǎo jiù huì zhàn zài lín jiān kòng dì shang jìn
季节来临，雄极乐鸟就会站在林间空地上进
xíngbiǎo yǎn biǎo yǎn shí tā men zǒng shì zhǎn kāi quán shēn de yǔ
行表演。表演时，它们总是展开全身的羽
máo bù tíng de zuò gè zhǒng xuán zhuǎn dòng zuò xióng jí lè niǎo
毛，不停地做各种旋转动作。雄极乐鸟
xuànyào zì jǐ de měi lì hé cái néng bù shì wèi le bié de zhī shì
炫耀自己的美丽和才能，不是为了别的，只是
wèi le yíng dé cí niǎo de fāng xīn
为了赢得雌鸟的芳心。

jí lè niǎo zài shì jiè shang dà yuē yǒu duō zhǒng yán sè
极乐鸟在世界上大约有40多种，颜色
xiāngtóng de xióng niǎo hé cí niǎoxiāng pèi duì bìngzhànyǒu zì jǐ de dì
相同的雄鸟和雌鸟相配对，并占有自己的地
pán gòng tóng shēnghuó bǔ yù hòu dài
盘，共同生活，哺育后代。

yuān yāng zhēn de duì ài qíng zhōng zhēn bù yú ma
§ 鸳鸯真的对爱情忠贞不渝吗

yuān yāng zhǔ yào chǎn yú wǒ guó　jī běn shang shì hòu niǎo　měi nián
鸳鸯主要产于我国，基本上是候鸟，每年
yuè dǐ　yuè chū běi fēi dào dōng běi hé nèi méng gǔ de yī xiē dì fāng
3月底、4月初北飞到东北和内蒙古的一些地方
jìn xíng fán zhí　yuè dǐ　yuè chū yòu nán xià dào huá dōng　huá nán
进行繁殖，9月底、10月初又南下到华东、华南
yī xiē dì fāng yuè dōng
一些地方越冬。

鸳鸯

zài wǒ guó　rén men yī zhí bǎ xíng yǐng bù lí de yuān yāng kàn zuò shì zhōng zhēn ài qíng de xiàng zhēng　kě shì　jīng guò kē xué jiā men de yán jiū
在我国，人们一直把形影不离的鸳鸯看作是忠贞爱情的象征。可是，经过科学家们的研究，

鸳鸯

fā xiàn yuān yāng de
发现鸳鸯的

shèng míng yǒu xiē
盛名有些

míng bù fù shí
名不副实，

tā men píng shí bù yī
它们平时不一

dìng yǒu gù dìng de fū
定有固定的夫

qī guān xì zhǐ shì zài pèi ǒu shí qī cái yǒu yǐn rén zhù mù de qīn mì jiē
妻关系，只是在配偶时期才有引人注目的亲密接

chù zài cí yuān yāng fán zhí hòu qī de chǎn luǎn fū huà gōng zuò zhōng xióng
触。在雌鸳鸯繁殖后期的产卵孵化工作中，雄

yuān yāng bìng bù guò wèn fǔ yù yòu chú de rèn wù wán quán yóu cí yuān yāng
鸳鸯并不过问，抚育幼雏的任务完全由雌鸳鸯

dān rèn ér qiě yuān yāng zhī jiān yě shí cháng fā shēng láo yàn shuāng fēi
担任。而且，鸳鸯之间也时常发生劳燕双飞

de shì qing
的事情。

xióng yuān yāng de yǔ máo hěn piào liàng kān chēng shì shì jiè shàng zuì měi
雄鸳鸯的羽毛很漂亮，堪称是世界上最美

lì de shuǐ qín xióng yuān yāng tóu shang yǒu hóng sè hé lán lǜ sè de yǔ guàn
丽的水禽。雄鸳鸯头上有红色和蓝绿色的羽冠，

miàn bù yǒu bái sè méi wén hóu bù jīn huáng jǐng bù xiōng bù yǒu zǐ lán
面部有白色眉纹，喉部金黄，颈部、胸部有紫蓝

sè liǎng cè hēi bái jiāo cuò cǐ wài xióng yuān yāng zuǐ xiān hóng jiǎo
色，两侧黑白交错。此外，雄鸳鸯嘴鲜红，脚

xiān huáng tè bié shì liǎng piàn chéng huáng sè lüè yǒu hēi biān de chì bǎng fān
鲜黄，特别是两片橙黄色略有黑边的翅膀帆

yǔ xiàng shàng wān chéng shàn xíng kān chēng yī jué xiāng bǐ zhī
羽，向上弯成扇形，堪称一绝。相比之

xià cí yuān yāng zhǐ yǒu yī shēn shēn hè sè yǔ máo xiǎn dé jiù píng
下，雌鸳鸯只有一身深褐色羽毛，显得就平

cháng duō le
常多了。

kǒngquè wèishén me huì kāi píng
§ 孔雀为什么会开屏

měidāng kǒngquè kāi píng shí tā nà guāng cǎi duó mù de wěi yǔ jiù
每当孔雀开屏时，它那光彩夺目的尾羽就
rú tóng yī bǎ piàoliàng de shàn zi lìng rén shǎng xīn yuè mù suǒ yǐ
如同一把漂亮的扇子，令人赏心悦目。所以，
zài dòng wù yuánzhōng kǒngquè yī zhí shì zuì shòu xiǎo péngyǒu xǐ ài de
在动物园中，孔雀一直是最受小朋友喜爱的
niǎo lèi
鸟类。

nǐ yī dìng
你一定
huì wèn wèi shén
会问，为什
me kǒng què huì kāi
么孔雀会开
píng ne kǒng què
屏呢？孔雀
de kāi píng xiàn xiàng
的开屏现象

孔雀开屏

hé tā men de fán zhí shì mì qiē guān lián de kǒng què kāi píng zuì duō de shí
和它们的繁殖是密切关联的。孔雀开屏最多的时
jié shì zài chūn jì sān sì yuè fèn kǒng què kāi píng shí jié yě shì tā men
节是在春季三四月份。孔雀开屏时节，也是它们
de fán zhí jì jié yīn wèi xióng kǒng què yào zài cí kǒng què miàn qián zhǎn shì
的繁殖季节。因为雄孔雀要在雌孔雀面前展示
zì jǐ de měi lì qiān fāng bǎi jì bó dé cí kǒng què de huān xīn
自己的美丽，千方百计博得雌孔雀的“欢心”，
suǒ yǐ zhè zhǒng xíng wéi shì xióng kǒng què běn shēn shēng zhí xiàn fēn mì chū de
所以这种行为是雄孔雀本身生殖腺分泌出的
xìng jī sù cì jī de jié guǒ
性激素刺激的结果。

cǐ wài dāng kǒng què shòu dào jīng xià děng cì jī shí yě huì kāi
此外，当孔雀受到惊吓等刺激时也会开
píng guò qù yǒu rén céng rèn wéi yǒu shí kǒng què huì zài chuān zhe yàn lì
屏。过去有人曾认为，有时孔雀会在穿着艳丽
fú zhuāng de yóu kè miàn qián kāi píng shì zài hé yóu kè bǐ měi qí shí
服装的游客面前开屏，是在和游客比美。其实
bù rán dòng wù xué jiā rèn wéi yóu kè dà hóng dà lǜ de xǐng mù fú
不然，动物学家认为，游客大红大绿的醒目服
zhuāng huò zhě shì dà shēng shuō xiào dōu kě yǐ cì jī kǒng què yǐ zhì
装或者是大声说笑，都可以刺激孔雀，以致
yǐn qǐ tā men de zú gòu jiè bèi zhè shí de kǒng què kāi píng shì yī zhǒng
引起它们的足够戒备。这时的孔雀开屏是一种
shì wēi fáng yù de xíng wéi
示威、防御的行为。

wèi shén me shuō māo tóu yīng shì rén lèi de péng you

§为什么说猫头鹰是人类的朋友

māo tóu yīng shì yī zhǒng zhǎng xiàng hěn qí tè de niǎo yóu yú tā
猫头鹰是一种长相很奇特的鸟。由于它
de yàng zi hěn guài suǒ yǐ xǔ duō rén hěn tǎo yàn tā bǎ tā kàn zuò shì
的样子很怪，所以许多人很讨厌它，把它看作是
bù jí lì de xiàng zhēng qí shí māo tóu yīng shì yì niǎo tā hái shì
不吉利的象征。其实，猫头鹰是益鸟，它还是
rén lèi de hǎo péng you ne
人类的好朋友呢。

dà duō shù māo tóu yīng xǐ huan zài yè jiān huó dòng tā men kě yǐ
大多数猫头鹰喜欢在夜间活动，它们可以
píng jiè mǐn ruì de tīng jué hé shì jué zài hēi àn zhōng bǔ liè zài hēi àn
凭借敏锐的听觉和视觉，在黑暗中捕猎。在黑暗
zhōng māo tóu yīng de shì lì bǐ rén de shì lì yào gāo chū sān bèi tā
中，猫头鹰的视力比人的视力要高出三倍。它
néng tīng dào sēn lín zhōng fā chū de nǎ pà shì jí wēi ruò de yī diǎn xiǎng
能听到森林中发出的哪怕是极微弱的一点响
shēng lǎo shǔ zhǐ yào yī dòng jiù huì bèi māo tóu yīng fā xiàn māo tóu yīng
声，老鼠只要一动就会被猫头鹰发现。猫头鹰

de chì bǎng shàng zhǎng zhe yī céng dài
的翅膀上长着一层带
yuán yīng zhuàng biān yuán de yǔ máo
缘缨状边缘的羽毛，
zhè xiē yǔ máo tūn mò le tā zài fēi xíng
这些羽毛吞没了它在飞行
zhōng chì bǎng pāi dǎ fā chū de shēng
中翅膀拍打发出的声
yīn shǐ de māo tóu yīng néng gòu qiāo
音，使得猫头鹰能够悄
wú shēng xī de fēi xiàng bǔ shí de mù
无声息地飞向捕食的目
biāo ér bù bèi fā xiàn
标而不被发现。

猫头鹰

yī zhī māo tóu yīng yī gè xià jì
一只猫头鹰一个夏季
kě yǐ bǔ shí duō zhī lǎo shǔ ér yī zhī lǎo shǔ zhì shǎo yào zāo tà
可以捕食1000多只老鼠。而一只老鼠至少要糟蹋
diào jǐ qiān kè liáng shi zhè yàng tuī suàn xià lái yī zhī māo tóu yīng yī
掉几千克粮食。这样推算下来，一只猫头鹰一
gè xià jì jiù zhì shǎo wèi rén lèi bǎo hù le qiān kè liáng shí xiāng
个夏季就至少为人类保护了1000千克粮食，相
dāng yú liù gè rén yī nián de kǒu liáng nán guài rén men chēng tā shì tián
当于六个人一年的口粮，难怪人们称它是“田
yuán wèi shì suǒ yǐ wǒ men yīng gāi bǎo hù māo tóu yīng
园卫士”。所以，我们应该保护猫头鹰。

māo tóu yīng yǒu yī gè zhuǎn dòng líng huó de bó zǐ
猫头鹰有一个转动灵活的脖子，
shǐ liǎn néng zhuǎn xiàng hòu fāng yóu yú tè shū de jǐng zhuī jié gòu
使脸能转向后方，由于特殊的颈椎结构，
tóu de huó dòng fàn wéi wèi zuǒ yòu ěr bù duì chèng zuǒ ěr
头的活动范围为270°。左右耳不对称，左耳
dào míng xiǎn bǐ yòu ěr dào kuān kuò qiě zuǒ ěr yǒu fā dá de ěr gǔ
道明显比右耳道宽阔，且左耳有发达的耳鼓。
dà bù fen hái shēng yǒu yī cù ěr yǔ xíng chéng xiàng rén yī yàng de
大部分还生有一簇耳羽，形成像人一样的
ěr kuò tīng jué shén jīng hěn fā dá yī gè tǐ zhòng zhǐ yǒu
耳廓。听觉神经很发达。一个体重只有300
kè de cāng yuē yǒu wàn gè tīng jué shén jīng xì bāo ér tǐ
克的仓鸮约有9.5万个听觉神经细胞，而体
zhòng kè zuǒ yòu de wū yā què zhǐ yǒu wàn gè
重600克左右的乌鸦却只有2.7万个。

yàn zi shì bǔ chóng néngshǒu ma

§燕子是捕虫能手吗

zài niǎo lèi zhōng yàn zi shì hěn cháng jiàn de yàn zi shì yī zhǒng

在鸟类中，燕子是很常见的。燕子是一种

hòu niǎo qiū jì tā men

候鸟，秋季，它们

fēi wǎng dōng nán yà dà yáng

飞往东南亚、大洋

zhōu běi bù yī dài yuè dōng

洲北部一带越冬；

chūn jì yòu chéng qún jié duì

春季，又成群结队

de fēi huí wǒ guó

地飞回我国。

燕子

yàn zi yǒu yī duì xiá cháng de chì bǎng wěi yǔ fēn chà qià sì

燕子有一对狭长的翅膀，尾羽分叉，恰似

yī bǎ jiǎn dāo shēn cái xiǎo qiǎo líng lóng biàn yú jí sù fēi xíng yàn zi

一把剪刀，身材小巧玲珑，便于疾速飞行。燕子

de zuǐ yòu biǎn yòu kuān chéng sān jiǎo xíng zhāng kāi yǐ hòu chéng píng xíng

的嘴又扁又宽，呈三角形，张开以后呈平行

sì biānxíng yóu yú zuǐ zhāng kāi yǐ hòu de miàn jī hěn dà suǒ yǐ dāng
四边形。由于嘴张开以后的面积很大，所以当
yàn zi zài kōng zhōng jí sù fēi xíng shí yíng miàn fēi lái de gè zhǒng kūn
燕子在空中疾速飞行时，迎面飞来的各种昆
chóng jiù huì zì rán ér rán de luò rù tā de kǒu zhōng
虫，就会自然而然地落入它的口中。

yàn zi shì bǔ chóng néng shǒu wén zi
燕子是捕虫能手，蚊子、
cāng yíng jīn guī zǐ
苍蝇、金龟子、
yá chóng děng wēi hài nóng
蚜虫等危害农
zuò wù de hài chóng dōu shì
作物的害虫都是
tā de bǔ shí duì xiàng yàn zi bǔ chóng de běn lǐng shí fēn gāo chāo jù
它的捕食对象。燕子捕虫的本领十分高超，据
tǒng jì yī duì yàn zi hé tā men de liǎng wō chú yàn jǐn bàn nián zhōng néng
统计，一对燕子和它们的两窝雏燕仅半年中能
bǔ shí wàn dào wàn zhī hài chóng shù liàng zhī duō lìng rén bù kě
捕食50万到100万只害虫，数量之多令人不可
sī yì
思议。

家燕

xiàn zài shì jiè gè guó dōu zài tí chàng chōng fèn lì yòng shēng wù
现在，世界各国都在提倡充分利用生物

yàn zǐ yī bān zài yuè fán zhí jiā yàn zài nóng
燕子一般在4~7月繁殖。家燕在农
jiā wū yán xià yíng cháo cháo shì bǎ xián lái de ní hé cǎo jīng yòng tuò
家屋檐下营巢，巢是把衔来的泥和草茎用唾
yè zhān jié ér chéng nèi pū yǐ xì ruǎn zá cǎo yǔ máo pò bù
液粘结而成，内铺以细软杂草、羽毛、破布
děng hái yǒu yī xiē qīng hāo yè cháo wèi mǐn zhuàng měi nián fán
等，还有一些青蒿叶，巢为皿状。每年繁
zhí wō dà duō zài yuè zhì yuè chū hé yuè zhōng xún zhì
殖2窝，大多在5月至6月初和6月中旬至7
yuè chū měi wō chǎn luǎn méi dì èr wō shǎo xiē wèi
月初。每窝产卵4~6枚，第二窝少些，为
méi luǎn rǔ bái sè cí xióng gòng tóng fū luǎn
2~5枚，卵乳白色。雌雄共同孵卵，14~15
tiān yòu niǎo chū ké qīn niǎo gòng tóng sì wèi chú niǎo yuē tiān chū
天幼鸟出壳，亲鸟共同饲喂。雏鸟约20天出
fēi zài wèi tiān jiù kě yǐ zì jǐ qǔ shí fán zhí jié shù
飞，再喂5~6天，就可以自己取食。繁殖结束
hòu yòu niǎo réng gēn suí chéng niǎo huó dòng bìng zhú jiàn jí chéng dà
后，幼鸟仍跟随成鸟活动，并逐渐集成大
qún zài dì yī cì hán cháo dào lái qián nán qiān yuè dōng
群，在第一次寒潮到来前南迁越冬。

fāng fǎ fáng zhì nóng yè bìng chóng hài lì yòng yàn zi bǔ chóng jiù
方法防治农业病虫害。利用燕子捕虫就

shì yī zhǒng xíng zhī yǒu xiào de miè chóng fāng fǎ duì yú bǎo hù nóng zuò wù
是一种行之有效的灭虫方法。对于保护农作物

lái shuō yàn zǐ què shí gōng bù kě mò
来说，燕子确实功不可没。

jī dànnéng hé mǔ jī jìn xíng jiāo liú ma
§鸡蛋能和母鸡进行交流吗

yǒu xiē xiǎopéng you jīng cháng huì gǎn dào yí huò niǎo lèi zài fū huà
有些小朋友经常会感到疑惑，鸟类在孵化
guòchéng zhōng huì bù huì hé luǎn jiāo liú ne wèi cǐ kē xué jiā duì jī
过程中会不会和卵交流呢？为此，科学家对鸡
dàn de fū huà guòchéng jìn xíng le yán jiū tā men bǎ líng mǐn dù hěn gāo de
蛋的孵化过程进行了研究。他们把灵敏度很高的
huàtǒng fàng zài mǔ jī fū dàn de wō lǐ yán jiū mǔ jī hé jī dàn de jiāo
话筒放在母鸡孵蛋的窝里，研究母鸡和鸡蛋的交
liú guòchéng
流过程。

jié guǒ fā xiàn
结果发现：

zài xiǎo jī pò ké qián liǎng
在小鸡破壳前两
sān tiān huà tǒng kāi shǐ
三天，话筒开始
jiē shōu dào yī xiē qí miào
接收到一些奇妙

鸡

de shēng yīn kāi shǐ shí shēng yīn hěn qīng yǐ hòu zhú jiàn biàn xiǎng
的声音。开始时，声音很轻，以后逐渐变响，
zuì hòu zài kuài yào pò ké shí zhè zhǒng shēng yīn jiù biàn chéng wǒ men shóu
最后在快要破壳时，这种声音就变成我们熟
xī de jī jī jī de xiǎo jī jiào shēng le
悉的“叽叽叽”的小鸡叫声了。

kē xué jiā yòng jiān tīng yí lù yīn jī hé diàn shì shè xiàng jī zuò le
科学家用监听仪、录音机和电视摄像机作了
jìn yī bù de yán jiū jié guǒ biǎo míng zài fū huà guò chéng zhōng jī
进一步的研究。结果表明，在孵化过程中，鸡
dàn què shí zài tóng mǔ jī jìn xíng jiāo liú mǔ jī tīng dào dàn zhōng xiǎo jī
蛋确实在同母鸡进行交流。母鸡听到蛋中小鸡
de jī jī shēng hòu huì fā chū gū gū gū gū de jiào shēng
的“叽叽”声后，会发出“咕咕咕咕”的叫声
yìng dá mǔ jī hé xiǎo jī yī yìng yī dá jǐ xiǎo shí hòu xiǎo jī biàn
应答。母鸡和小鸡一应一答，几小时后，小鸡便
fēn fēn pò ké ér chū
纷纷破壳而出。

mǔ jī hé xiǎo jī de jiāo liú dào dǐ yǒu shén me zuò yòng ne yuán
母鸡和小鸡的交流到底有什么作用呢？原
lái mǔ jī duì xiǎo jī de qīn qiē hū huàn kě yǐ shǐ dàn ké lǐ de xiǎo
来，母鸡对小鸡的亲切呼唤，可以使蛋壳里的小
jī gǎn dào hěn ān quán duì xiǎo jī de fā yù qǐ zhe cì jī hé tiáo jié zuò
鸡感到很安全。对小鸡的发育起着刺激和调节作
yòng kě yǐ ràng bǎo bǎo men tóng shí chū shì
用，可以让宝宝们同时出世。

wèi shén me jī jīng cháng yào chī shā zi
§为什么鸡经常要吃沙子

jī shì hěn cháng jiàn de jiā qín tā men yī bān zhǔ yào chī kāng
鸡是很常见的家禽，它们一般主要吃糠、
mǐ mài lì děng dōng xi dàn tuǐ jiǎo qín kuài shàn yú mì shí de jī hái
米、麦粒等东西，但腿脚勤快善于觅食的鸡还
huì dào shì wài huò tián yě lǐ qù xún zhǎo yī xiē xiǎo kūn chóng chī nǐ kě
会到室外或田野里去寻找一些小昆虫吃。你可
néng huì gǎn dào qí guài jī nǎ pà shì chī bǎo hē zú le yě réng rán huì
能会感到奇怪，鸡哪怕是吃饱喝足了，也仍然会
dōng xún xī zhǎo chī yī xiē shā zi
东寻西找，吃一些沙子。

zhè zhēn shì ràng rén gǎn jué qí guài jī wèi shén me yào chī shā zi
这真是让人感觉奇怪，鸡为什么要吃沙子
ne yuán lái jī bìng bù shì xǐ huan chī shā zi yě bù shì jī de wèi
呢？原来，鸡并不是喜欢吃沙子，也不是鸡的胃
néng gòu xiāo huà shā zi jī zhǐ bù guò shì yòng zhè xiē shā zi lái bāng zhù
能够消化沙子，鸡只不过是用这些沙子来帮助
zì jǐ xiāo huà shí wù ér yǐ
自己消化食物而已。

rén zài chī shí wù shí zǒng dé xiān yòng yá chǐ jiāng shí wù jiáo suì
人在吃食物时，总得先用牙齿将食物嚼碎，
rán hòu zài jīng guò wèi cháng jìn xíng xiāo huà dàn shì yóu yú jī méi yǒu yá
然后再经过胃肠进行消化。但是，由于鸡没有牙
chǐ tā bǎ mǐ lì gǔ zi tūn xià dù zi hòu méi fǎ xiāo huà jiù zhǐ
齿，它把米粒、谷子吞下肚子后没法消化，就只
hǎo zài chī yī xiē shā zi yòng shā zi mó suì shí wù bāng zhù zì jǐ xiāo
好再吃一些沙子，用沙子磨碎食物，帮助自己消
huà xī shōu
化吸收。

dāng shí wù jìn rù jī de wèi hòu jiù hé shā zi hùn hé zài yī
当食物进入鸡的胃后，就和沙子混合在一
qǐ jī de wèi hòu ér jiān rèn zài tā de fǎn fù rú dòng xià shā zi
起，鸡的胃厚而坚韧，在它的反复蠕动下，沙子
de léng jiǎo bù duàn de mó cā zhe shí wù zhè yàng guò bù liǎo duō jiǔ
的棱角不断地摩擦着食物，这样，过不了多久，
shí wù jiù bèi mó chéng hěn xì ruǎn de suì hú le
食物就被磨成很细软的碎糊了。

huǒ jī

§火鸡

yī nián yī dù de fù huó jié hé shèng dàn jié lái lín shí kǎo huǒ jī
一年一度的复活节和圣诞节来临时，烤火鸡
shì xī fāng rén yī dào bì bù kě shǎo de zhǔ cài zhè shì yīn wèi huǒ jī de
是西方人一道必不可少的主菜。这是因为火鸡的
wèi dào tè bié xiān měi ér qiě huǒ jī zài ōu zhōu hé běi měi zhōu jiào wéi
味道特别鲜美，而且火鸡在欧洲和北美洲较为
cháng jiàn
常见。

火鸡养殖场

huǒ jī tǐ yǔ yán
火鸡体羽颜
sè xiān yàn hóu lóng xià
色鲜艳，喉咙下
yǒu páng dà de ròu chuí
有庞大的肉垂，
luǒ chū de jǐng bù pí fū
裸出的颈部皮肤
shì hóng sè huò qīng sè
是红色或青色

de huǒ jī fēi xíng néng lì hěn qiáng bái tiān tā men zài cǎo dì shàng
的。火鸡飞行能力很强。白天，它们在草地上

mì shí wǎn shàng zé fēi huí shù shàng shuì jiào rú jīn de jiā yǎng huǒ jī
觅食，晚上则飞回树上睡觉。如今的家养火鸡

shì jiāng yuán xiān de yě shēng zhǒng lèi dài rù xī bān yá hòu gǎi liáng chū lái
是将原先的野生种类带入西班牙后改良出来

de pǐn zhǒng
的品种。

xióng huǒ jī cháng cháng xuàn yào shì de jiāng shuāng chì hé wěi ba zhǎn
雄火鸡常常炫耀似地将双翅和尾巴展

kāi chéng shàn zi de xíng zhuàng zhè shí tā luǒ lòu de jǐng bù pí fū hé
开成扇子的形状，这时，它裸露的颈部皮肤和

hóu xià ròu chuí de yán sè huì biàn chéng bái sè de suǒ yǐ yòu yǒu rén chēng
喉下肉垂的颜色会变成白色的，所以又有人称

tā men wéi qī miàn jī
它们为“七面鸡”。

xióng huǒ jī hóu xià de ròu chuí
雄火鸡喉下的肉垂

wéi huǒ hóng sè de tā de chì bǎng
为火红色的，它的翅膀

kě chuí dào dì miàn cháng cháng zài
可垂到地面，常常在

yuán dì tà bù xuán zhuǎn yǐ
原地踏步、旋转，以

zhǎn shì zì jǐ piào liàng de shàn xíng
展示自己漂亮的扇形

火鸡

wěi ba
尾巴。

chú qù fán zhí qī wài huǒ jī cí xióng liǎng xìng fēn kāi shēng huó
除去繁殖期外，火鸡雌雄两性分开生活。
zhǐ yǒu fán zhí shí cí xióng huǒ jī cái gòng tóng shēng huó tōng cháng yī
只有繁殖时，雌雄火鸡才共同生活，通常一
zhī xióng huǒ jī huì yǔ duō zhī cí huǒ jī zǔ chéng yī jiā tā men yòng jiǎo
只雄火鸡会与多只雌火鸡组成一家。它们用脚
guā chǎn dì miàn zuò chéng qiǎn kēng bǎ dàn chǎn zài lǐ miàn yī wō kě
刮铲地面做成浅坑，把蛋产在里面，一窝可
chǎn méi dàn huǒ jī de dàn yuē zhòng kè ké wéi qiǎn hè
产 8 ~ 15 枚蛋，火鸡的蛋约重 80 克，壳为浅褐
sè shàng miàn yǒu shēn sè bān diǎn cí huǒ jī dān fù fū dàn gōng zuò
色，上面有深色斑点。雌火鸡担负孵蛋工作，
fū huà qī dà yuē tiān
孵化期大约 28 天。

yā zi zǒu lù wèishén me hěn nán kàn

§鸭子走路为什么很难看

yā zi zǒu qǐ lù lái zǒng shì yī yáo yī bǎi de bù xiàng qí tā dòng
鸭子走起路来，总是一摇一摆的，不像其他动
wù zǒu de nà me wěn dang zhèng cháng zhè jiū jìng shì wéishén me ne
物走得那么稳当、正常。这究竟是为什么呢？

shí jì shàng yā zi zhè zhǒng yáo yáo bǎi bǎi de zǒu lù zī shì shì
实际上，鸭子这种摇摇摆摆的走路姿势是
yóu tā tè shū de shēn tǐ jié gòu zào chéng de yā zi de shēn tǐ xiàng yī
由它特殊的身体结构造成的。鸭子的身体像一
zhī píng dǐ chuán shì yú zài shuǐ miàn fú yóu tā de shuāng jiǎo hěn duǎn
只平底船，适于在水面浮游。它的双脚很短，
gè jiǎo zhǐ xiàng qián yī gè jiǎo zhǐ xiàng hòu qián gè jiǎo zhǐ zhī jiān
3个脚趾向前，一个脚趾向后。前3个脚趾之间
yǒu pǔ yā zi zài shuǐ zhōng yóu dòng shí shuāng jiǎo jiù xiàng chuán de
有蹼。鸭子在水中游动时，双脚就像船的
jiǎng yī yàng yòng yǐ huá shuǐ xiàng qián yǐ jí zhuǎn biàn yóu dòng de fāng
桨一样，用以划水向前，以及转变游动的方
xiàng
向。

鸭子

wèi le shì hé yóu yǒng
为了适合游泳，
zài jìn huà guò chéng zhōng yā
在进化过程中，鸭
zi de shuāng jiǎo bù shì zhǎng
子的双脚不是长
zài shēn tǐ xià miàn de zhèng
在身体下面的正
zhōng yāng ér shì shāo wēi kào
中央，而是稍微靠
hòu yī xiē zhè yàng zài shuǐ lǐ
后一些，这样在水里
duì shēn tǐ de tuī dòng lì cái
对身体的推动力才
huì zēng dà yā zi shàng àn hòu rú guǒ shēn tǐ bǎo chí shuǐ píng zī
会增大。鸭子上岸后，如果身体保持水平姿
tài nà me yóu yú zuò wéi zhòng xīn de shuāng jiǎo bù zài zhōng jiān de bù
态，那么由于作为重心的双脚不在中间的部
wèi ér shì kào hòu yā zi jiù hěn róng yì xiàng qián diē dǎo wèi le wéi
位，而是靠后，鸭子就很容易向前跌倒。为了维
chí shēn tǐ píng héng yā zi bì xū jiāng zhòng xīn xiàng hòu yí dào shuāng jiǎo
持身体平衡，鸭子必须将重心向后移到双脚
shang yīn cǐ yā zi zǒng shì áng shǒu tǐng xiōng shēn tǐ shāo xiàng hòu qīng
上，因此鸭子总是昂首挺胸，身体稍向后倾
xié jiā shàng yā zi jiǎo hěn duǎn zǒu lù shí shēn tǐ suí zhī bǎi dòng
斜。加上鸭子脚很短，走路时，身体随之摆动

de fú dù hěn míngxiǎn jì yào wéi chí shēn tǐ pínghéng yòu yào jiāo huàn
的幅度很明显。既要维持身体平衡，又要交换
liǎng zhī duǎn jiǎo xiàng qiánxíng yīn cǐ yā zi zǒu qǐ lù lái jiù yī yáo yī
两只短脚向前行，因此鸭子走起路来就一摇一
bǎi de kànshàng qù hěn nán kàn
摆的，看上去很难看。

qǐ é shí tú zhī mí
§企鹅识途之谜

qǐ é shì nán jí zuì yǒu qù de dòng wù tā yǒu yī shēn měi lì chū zhòng de yǔ yī xiàng shì pī zhe yī jiàn dà lǐ fú zǒu qǐ lù lái yī bǎi yī bǎi de yòu xiàng gè dà fù pián pián de shēn shì bié kàn qǐ é de yàng zi dāi tóu dāi nǎo de qí shí tā shì yī zhǒng hěn cōng míng de dòng wù tā men yǒu juàn liàn jiā xiāng de běn xìng bù guǎn lí kāi qī xī hé fán zhí de dì fāng yǒu duō yuǎn tā men dōu yào xiǎng fāng shè fǎ huí dào zì jǐ de jiā xiāng

企鹅是南极最有趣的动物。它有一身美丽出众的羽衣，像是披着一件大礼服，走起路来一摆一摆的，又像个大腹便便的绅士，别看企鹅的样子呆头呆脑的，其实它是一种很聪明的动物，它们有眷恋家乡的本性。不管离开栖息和繁殖的地方有多远，它们都要想方设法回到自己的家乡。

měi nián dào cháng dá bàn nián de bái zhòu dào lái shí qǐ é bà ba hé qǐ é mā ma men biàn dài zhe tā men de ér nǚ lí kāi jiā xiāng dào qiān

每年到长达半年的白昼到来时，企鹅爸爸和企鹅妈妈们便带着它们的儿女离开家乡，到千

lǐ zhī wài de hǎi yáng mì shí děng dào nán jí de hán yè lái lín shí qǐ
里之外的海洋觅食。等到南极的寒夜来临时，企

é yòu xié ér dài nǚ rì yè jiān chéng fǎn huí gù dì jiù zhè yàng nián
鹅又携儿带女，日夜兼程返回故地，就这样年

fù yī nián cóng bù jiān duàn zhè yī duàn jù lí zú yǒu jǐ bǎi qiān mǐ
复一年，从不间断。这一段距离足有几百千米。

ér wǒ men zhī dào nán jí zhōu shì yī piàn máng máng xuě yuán hé bīng chuān
而我们知道，南极洲是一片茫茫雪原和冰川，

méi yǒu rèn hé mù biāo gòng qǐ é shí jì
没有任何目标供企鹅识记。

wèi jiě kāi qǐ é shí tú zhī mí bù shǎo kē xué jiā fēn fēn bèn fù nán jí jìn xíng yán jiū hé guān chá
为解开企鹅识途之谜，不少科学家纷纷奔赴南极，进行研究和观察。

zài nán jí zhōu kē xué jiā
在南极洲，科学家

南极阿德里企鹅

们做了各种各样的实验。科学家们曾捕识了5只未成年的企鹅，在它们的身上作了标记，然后把它们转移到距离它们的故乡1900千米以外的被冰雪覆盖的5个不同地点放掉。10个月以后，它们靠步行、滑行和游泳，穿越没有任何标志的冰川雪原，一个不少地回到了故乡。

有人在远离企鹅故乡几百千米的地方，将一只只企鹅分别放进洞穴里，在上面盖上盖子。那里一马平川，没有任何标记和特征。然后又在3个不同位置的观测塔上观察放企鹅的地方。过了一段时间，企鹅从洞里出来了，起初那几只企鹅不知所措地徘徊了一阵，随后就不约而同地把头转向同一个地方——它们的故

xiāngsuǒ zài de fāngxiàng zhè shǐ kē xué jiā men kùn huò le qǐ é zhè
乡所在的方向。这使科学家们困惑了。企鹅这

zhǒng dú tè de shí tú néng lì yòu gěi le kē xué jiā men yí gè xīn de
种独特的识途能力，又给了科学家们一个新的

tiǎozhàn jīng guò duō cì guān chá kē xué jiā men chū bù rèn dìng qǐ é
挑战。经过多次观察，科学家们初步认定，企鹅

shí tú de zhǐ nán zhēn shì yǐ tài yáng lái dìng xiàng de ér yǔ zhōu
识途的“指南针”是以太阳来定向的，而与周

wéi huán jìng wú guān
围环境无关。

qǐ é shì qián shuǐgāoshǒu ma
§企鹅是潜水高手吗

zài suǒ yǒu de niǎo zhōng qǐ é shì zhǎng de zuì bù xiàng niǎo de
在所有的鸟中，企鹅是长得最不像鸟的。qǐ é de shēn tǐ hěn féi pàng zǒu qǐ lù lái shí fēn huá jī jiǎn zhí jiù
企鹅的身体很肥胖，走起路来十分滑稽，简直就 xiàng yī gè lǎo nián de shēn shì
像一个老年的绅士。

企鹅

qǐ é de shēng huó fāng shì hé dà duō shù niǎo yǒu zhe míngxiǎn de qū bié qǐ é jì bù néng xiàng fēi qín nà yàng zài tiān shang fēi yě bù néngxiàng yě shòu nà yàng zài dì shang bēn pǎo tā men zhǐ shēng huó zài nán jí
企鹅的生活方式和大多数鸟有着明显的区别。企鹅既不能像飞禽那样在天上飞，也不能像野兽那样在地上奔跑，它们只生活在南极

zhōu wéi de hǎi yáng lǐ shí
周围的海洋里，食
wù zì rán yě shì hǎi lǐ de yú
物自然也是海里的鱼
hé bié de xiǎo dòng wù
和别的小动物。

bù guò nǐ bié kàn qǐ
不过，你别看企
é de yàng zi sì hū hěn bèn
鹅的样子似乎很笨
zhuō dàn tā què shì niǎo lèi
拙，但它却是鸟类
zhōng zuì chū sè de qián shuǐ
中最出色的潜水
yuán tā kě yǐ zài shuǐ xià yī
员，它可以在水下一
kǒu qì dài fēn zhōng xià
口气待20分钟，下
qián dào mǐ shēn de hǎi lǐ dào le shuǐ lǐ qǐ é sì hū yī xià
潜到200米深的海里。到了水里，企鹅似乎一下
zi jiù zhǎo dào le gǎn jué biàn de yì cháng líng huó tā de chì bǎng biàn chéng
子就找到了感觉变得异常灵活。它的翅膀变成
le jiǎng jiǎo yě biàn chéng le wěi qí kào zhe liú xiàn xíng de shēn xíng
了桨，脚也变成了尾鳍。靠着流线型的身形，
tā zài shuǐ lǐ lái qù zì rú bù guò qǐ é bì jìng bù shì yú suǒ
它在水里来去自如。不过，企鹅毕竟不是鱼，所
yǐ hé bié de niǎo yī yàng qǐ é yě yào hū xī kōng qì zhǐ néng
以，和别的鸟一样，企鹅也要呼吸空气，只能
duǎn shí jiān dài zài shuǐ lǐ
短时间待在水里。

南极王企鹅

hǎi ōu wèi shén me yào zhuī zhú chuán

§海鸥为什么要追逐船

lún chuán zài hǎi shang háng xíng de shí hou sì zhōu máng máng yī
轮船在海上航行的时候，四周茫茫一
piàn zhǐ shì cháng cháng kě yǐ kàn dào yī xiē hǎi ōu zhǎn kāi shuāng
片，只是常常可以看到一些海鸥，展开双
chì shí qǐ shí fú de jǐn jǐn gēn suí zhe hǎi lún fēi xiáng
翅，时起时伏地紧紧跟随着海轮飞翔。

nǐ kěn dìng huì yǒu xiē mí huò bù jiě hǎi ōu wèi shén me yào zhuī suí
你肯定会有些迷惑不解，海鸥为什么要追随
zhe lún chuán fēi xiáng ne
着轮船飞翔呢？

qí shí hǎi ōu shì shí fēn cōng míng de tā zhuī zhú lún chuán shì
其实，海鸥是十分聪明的，它追逐轮船是
wèi le shěng lì dà jiā dōu zhī dào kōng qì liú dòng jiù huì xíng chéng
为了省力。大家都知道，空气流动就会形成
fēng yóu yú dà qì zhōng de qì wēn chā yì zào chéng le kōng qì de yí
风。由于大气中的气温差异，造成了空气的移
dòng zài dà hǎi shang kōng qì zài yí dòng guò chéng zhōng huì yù dào dǎo
动。在大海上，空气在移动过程中会遇到岛
yǔ lún chuán děng zhàng ài wù zhè shí yí dòng de kōng qì jiù huì
屿、轮船等障碍物，这时，移动的空气就会

shàng shēng xíng chéng
上升，形成
yī gǔ qiáng dà de qì liú
一股强大的气流。
zhè gǔ qì liú bèi chēng wéi
这股气流被称为
dòng lì qì liú lún chuán
动力气流。轮船
háng xíng shí chǎn shēng de
航行时产生的
shàng shēng qì liú néng tuō
上升气流能托
zhù hǎi ōu de shēn tǐ
住海鸥的身体，

海鸥

hǎi ōu lì yòng zhè gǔ dòng lì qì liú bù yòng shān chì bǎng jiù néng jǐn
海鸥利用这股动力气流，不用扇翅膀，就能紧
jǐn gēn suí hǎi lún áo xiáng
紧跟随海轮翱翔。

zài shuō hǎi lún hángxíng shí huì zài chuán wěi jī chū zhènzhèn làng
再说，海轮航行时，会在船尾激出阵阵浪
huā bǎ hǎi yáng lǐ de yú yě fān dǎ shàng lái yǐ yú lèi wèi shí wù
花，把海洋里的鱼也翻打上来。以鱼类为食物
de hǎi ōu zhèng hǎo kě yǐ bǔ shí yǒu rú cǐ hǎo de měi shì hǎi ōu
的海鸥正好可以捕食。有如此好的美事，海鸥
dāng rán yào jǐn jǐn zhuī suí lún chuán le
当然要紧紧追随轮船了。

měinián yuè shì hǎi ōu de fán zhí qī tā men
每年4~8月是海鸥的繁殖期，它们
jié qúnyíngcháo zài hǎi àn dǎo yǔ hé liú àn biān de dì miànhuò
结群营巢在海岸、岛屿、河流岸边的地面或
shí tānshàng cháohěnjiǎn lòu yóu hǎi zǎo kū cǎo xiǎoshù zhī
石滩上。巢很简陋，由海藻、枯草、小树枝、
yǔ máo děng wù duī jí ér chéng yī qiǎnpánzhuàng yǒu de dì fāng
羽毛等物堆集而成一浅盘状。有的地方
niǎocháo de mì dù hěn dà liǎng gè cháo zhī jiānxiāng jù mǐ
鸟巢的密度很大，两个巢之间相距1~2米
yuǎn gè qīn hǎi ōu dōuhuádìng zì jǐ de shì lì fànwéi bù
远。各亲海鸥都划定自己的“势力范围”，不
zhǔn qí tā niǎo rù qīn měi cì chǎnluǎn gè cí xióng lún
准其他鸟入侵。每次产卵2~3个。雌雄轮
liú fū luǎn jīng tiānhòu chúniǎo pò ké ér chū
流孵卵，经24~28天后，雏鸟破壳而出。

wèi shén me xìn tiān wēng chū xiàn
§为什么信天翁出现
yì wèi zhe huài tiān qì
意味着坏天气

xìn tiān wēng shì yī zhǒng dà xíng hǎi niǎo tǐ cháng yuē mǐ zhǎn
信天翁是一种大型海鸟，体长约1米，展
kāi shuāng chì kě dá mǐ xìn tiān wēng fēi xiáng néng lì tè bié qiáng
开双翅可达4米。信天翁飞翔能力特别强，
sù dù yě hěn kuài yī tiān kě yǐ lián xù fēi xíng gōng lǐ tā tè
速度也很快，一天可以连续飞行600公里。它特
bié shàn yú huá xiáng yóu qí shàn cháng jiè zhù fēng shì fēi xiáng kě yǐ
别善于滑翔，尤其擅长借助风势飞翔，可以
zài hǎi miàn shang bù shān dòng chì bǎng fēi xiáng jǐ gè xiǎo shí
在海面上不扇动翅膀飞翔几个小时。

yī bān qíng kuàng xià xìn tiān wēng dōu yǒu zì jǐ de lǐng dì ér
一般情况下，信天翁都有自己的领地。而
qiě xìn tiān wēng bǎo wèi dì pán de yì shí tè bié qiáng dāng zāo yù wài
且，信天翁保卫地盘的意识特别强。当遭遇外
dí rù qīn shí suǒ yǒu de xìn tiān wēng dōu huì zài niǎo wáng de hū huàn hé
敌入侵时，所有的信天翁都会在鸟王的呼唤和
dài lǐng xià fèn lì yǔ dí rén bó dòu bù guǎn dí rén duō me qiáng dà
带领下，奋力与敌人搏斗。不管敌人多么强大，

tā men dōu huì níng sǐ bù qū bǎo wèi jiā yuán
它们都会宁死不屈，保卫家园。

duì yú zài hǎi shang háng xíng de rén lái shuō xìn tiān wēng kě bù shòu
对于在海上航行的人来说，信天翁可不受
huān yíng nǐ zhī dào zhè shì wèi shén me ma yuán lái fēng kě yǐ bāng
欢迎。你知道这是为什么吗？原来，风可以帮
zhù huá xiáng suǒ yǐ dāng hǎi
助滑翔，所以当海
miàn shang dà fēng jiāng qǐ shí
面上大风将起时，
yě zhèng shì xìn tiān wēng zuì gāo
也正是信天翁最高
xìng zuì huó yuè de shí hou dàn
兴最活跃的时候。但
shì zhè zhǒng tiān qì duì yú
是，这种天气对于
bǔ yú chū hǎi de rén lái shuō
捕鱼出海的人来说
què shì zuì zāo gāo de suǒ
却是最糟糕的。所
yǐ měi dāng yú mín yī jiàn
以，每当渔民一见
dào xìn tiān wēng dà liàng jù jí dào hǎi miàn jiù zhī dào tiān qì yào biàn huài
到信天翁大量聚集到海面，就知道天气要变坏，
bì xū lì kè fǎn háng
必须立刻返航。

信天翁

běi jí yàn ōu

§北极燕鸥

yàn ōu yǒu hǎo jǐ zhǒng tā men dōu yǒu cháng cháng de chì bǎng hé
燕鸥有好几种，它们都有长长的翅膀和
hēi bái huī sān sè de yǔ máo zhǐ shì zhǒng yán sè de zǔ hé fāng
黑、白、灰三色的羽毛，只是3种颜色的组合方
shì yǒu suǒ bù tóng
式有所不同。

běi jí yàn ōu kàn shang qù hěn qīng yíng hǎo xiàng néng bèi kuáng fēng
北极燕鸥看上去很轻盈，好像能被狂风
chuī zǒu kě
吹走，可
shì tā men què
是它们却
néng jìn xíng lìng
能进行令
rén nán yǐ zhì
人难以置
xìn de cháng
信的长

燕鸥

jù lí fēi xíng
距离飞行。

dāng běi bàn qiú shì xià jì de shí hou běi jí yàn ōu zài běi jí quān
当北半球是夏季的时候，北极燕鸥在北极圈
nèi fán yǎn hòu dài tā men dī dī de lüè guò hǎi làng cóng hǎi zhōng bǔ
内繁衍后代。它们低低地掠过海浪，从海中捕
zhuō xiǎo yú hé jiǎ ké gāng děng yǒu yìng ké de dòng wù
捉小鱼和甲壳纲等有硬壳的动物。

dāng dōng jì lái lín shí yán àn de shuǐ jié le bīng yàn ōu biàn
当冬季来临时，沿岸的水结了冰，燕鸥便
kāi shǐ chū fā jìn xíng cháng tú qiān xǐ tā men xiàng nán fēi xíng yuè
开始出发，进行长途迁徙。它们向南飞行，越
guò chì dào rào dì qiú bàn zhōu lái dào bīng tiān xuě dì de nán jí zhōu
过赤道，绕地球半周，来到冰天雪地的南极洲，
zài zhè ér xiǎng shòu nán bàn qiú de xià jì zhí dào nán bàn qiú de dōng jì
在这儿享受南半球的夏季。直到南半球的冬季
lái lín tā men cái zài cì běi fēi huí dào běi jí
来临，它们才再次北飞，回到北极。

zhè shì yī cì cháng dá wàn qiān mǐ de lǚ xíng dàn shì
这是一次长达3.8万千米的旅行。但是，
zhè yàng zài liǎng dì jiān lái huí yàn ōu kě yǐ xiǎng shòu liǎng gè xià jì
这样在两地间来回，燕鸥可以享受两个夏季。

zéi ōu

§贼鸥

zài nán jí zhōu shēng zhǎng zhe yī zhǒng xiǎo niǎo yàng zi hěn piào
在南极洲生长着一种小鸟，样子很漂
liàng kě shì xíng wéi què hěn bù měi míng zi yě hěn nán tīng jiào zéi ōu
亮，可是行为却很不美，名字也很难听，叫贼鸥。

tīng le míng zi nǐ jiù kě yǐ xiǎng xiàng de dào tā men de xíng
听了名字，你就可以想象得到，它们的行
wéi shì zěn yàng bù měi le ba duì tā men shì xiǎo tōu tā men tān xīn
为是怎样不美了吧。对！它们是小偷，它们贪心
yòu zì sī rú guǒ tā men tóng shí yù dào yī zhī shòu shāng de xiǎo hǎi bào
又自私，如果它们同时遇到一只受伤的小海豹，
jǐ zhī zéi ōu jiù dōu xiǎng dú zì zhàn yǒu zhēng lái qiǎng qù shéi yě bù
几只贼鸥就都想独自占有，争来抢去，谁也不
ràng bié rén chī yī kǒu zuì hòu zhí dào xiǎo hǎi bào dòng yìng le shéi yě chī
让别人吃一口，最后直到小海豹冻硬了，谁也吃
bù chéng
不成。

xiǎo zéi ōu yě hěn huài dāng tā men xiōng dì jiě mèi dú zì liú zài wō lǐ
小贼鸥也很坏，当它们兄弟姐妹独自留在窝里

shí dà yī diǎn de gē ge jiě
时，大一点的哥哥姐
jie huì chèn shēn tǐ ruò xiǎo de
姐会趁 身体弱小的
dì di mèi mei bù zhù yì shí
弟弟妹妹不注意时，
shǐ jìn bǎ tā men tuī chū wō wài
使劲把它们推出窝外，
diàodào dì shang bèi bié de zéi
掉到地上，被别的贼
ōu huòniǎo shòu chī diào
鸥或鸟兽吃掉。

贼鸥

zéi ōu kào tōu shí niǎo
贼鸥靠偷食鸟
dàn tōu shā yòu niǎo yòu shòu wéi shēng tā men shì nán jí dà lù shàng
蛋、偷杀幼鸟、幼兽为生。它们是南极大陆上
cháng zhù gōng mín zuì tǎo yàn de zéi
常住“公民”最讨厌的贼！

zéi ōu gěi kē xué kǎo chá zhě dài lái hěn dà de má fán
贼鸥给科学考察者带来很大的麻烦。
zài yě wài kǎo chá shí rú guǒ bù jiā dī fáng suí shēn suǒ dài de yě
在野外考察时，如果不加提防，随身所带的野
cān shí pǐn huì bèi zéi ōu diāo zǒu pèng dào zhè zhǒng qíng kuàng
餐食品，会被贼鸥叼走，碰到这种情况，
rén men zhǐ néng wàng kōng ér tàn
人们只能望空而叹。

hǎi yīng
§ 海鹦

hǎi yīng shì yī zhǒng měi lì ér yòu xǐ ài rè nao de hǎi niǎo tā de
海鹦是一种美丽而又喜爱热闹的海鸟。它的
yǎn jing fù yú sè cǎi yǎn jing zhōu wéi de tú àn shǐ hǎi yīng xiǎn de lěng jùn
眼睛富于色彩，眼睛周围的图案使海鹦显得冷峻
wēi wǔ hǎi yīng zǒng shì chéng qiān shàng wàn de jù jí zài yī qǐ zài
威武。海鹦总是成千上万地聚集在一起，在
běi hán dài de yán àn dǎo yǔ de qiào bì hé shí fēng shang zhù cháo ér jū
北寒带的沿岸岛屿的峭壁和石峰上筑巢而居。

海鹦

xiǎo hǎi yīng zài zhè lǐ
小海鹦在这里
kě yǐ dé dào suǒ yǒu
可以得到所有
zhǎng bèi de bǎo hù
长辈的保护，
hěn shǎo shòu dào shí ròu
很少受到食肉
niǎo de qīn xí
鸟的侵袭。

hǎi yīng yōng yǒu xiàng yú yī yàng de qián shuǐ néng lì néng qián rù
海鸥拥有像鱼一样的潜水能力，能潜入
shuǐ xià duō mǐ chù bǔ yú yī cì bǔ liè shí jǐ tiáo yú céng yǒu rén
水下20多米处捕鱼，一次捕猎十几条鱼。曾有人
kàn jiàn yī zhī hǎi yīng de kǒu zhōng pái liè zhe duō tiáo yú zài kōng
看见一只海鹦的口中排列着60多条鱼。在空
zhōng hǎi yīng shì qiáng yǒu lì de fēi xíng zhě tā néng fēn zhōng zhèn
中，海鹦是强有力的飞行者，它能1分钟振
chì cì fēi xíng shí sù gāo dá qiān mǐ
翅300~400次，飞行时速高达64千米。

hǎi yīng de wěi bù yǒu yī gè fēn mì yóu zhī de xiàn tǐ tā men
海鹦的尾部有一个分泌油脂的腺体，它们
cháng cháng jiāng xiàn tǐ fēn mì chū de yóu zhī tú mǒ zài yǔ máo shàng zhè
常常将腺体分泌出的油脂涂抹在羽毛上，这
yàng kě yǐ shǐ hǎi yīng zài fēi xíng shí jiǎn shǎo rè liàng de sàn shī cǐ wài hái
样可以使海鹦在飞行时减少热量的散失，此外还
néng shǐ hǎi yīng zài shuǐ zhōng chuān suō zì rú
能使海鹦在水中穿梭自如。

měi nián de fán zhí jì jié xióng hǎi yīng de huì jiù yóu yuán lái de
每年的繁殖季节，雄海鹦的喙就由原来的
huī bái sè biàn chéng xuàn lì de cǎi sè yǐ cǐ lái qǔ yuè cí hǎi yīng
灰白色变成绚丽的彩色，以此来取悦雌海鹦。
hǎi yīng měi wō zhī chǎn yī gè chéng lí xíng de dàn hǎi yīng de dàn xiàng bù
海鹦每窝只产一个呈梨形的蛋。海鹦的蛋像不
dǎo wēng shì de zhòng xīn zài xià fāng suǒ yǐ dāng hǎi fēng chuī lái shí tā kě
倒翁似的重心在下方，所以当海风吹来时，它可

hǎi ōu bié míng shàn zhī niǎo zhǔ yào shēng huó zài

海鸥，别名善知鸟，主要生活在

nuówēi běi bù de yán hǎi dì qū tā shēn cháng yuē lí mǐ yǒu

挪威北部的沿海地区。它身长约30厘米，有

yī zhāng dà zuǐ ba chéng sān jiǎo xíng dài yǒu yī tiáo shēn gōu

一张大嘴巴，呈三角形，带有一条深沟。

bèi bù de yǔ máo chéng hēi sè fù bù chéng bái sè jiǎo chéng jú

背部的羽毛呈黑色，腹部呈白色，脚呈橘

hóng sè miàn bù yán sè xiān yàn xiàng yīng wǔ nà yàng měi lì kě

红色。面部颜色鲜艳，像鹦鹉那样美丽可

ài yīn cǐ rén men chēng tā wèi hǎi yīng kě néng shì zǒu dào jìn

爱。因此，人们称它为海鹦。可能是走到近

chù yī kàn tā yǒu yī fù yī běn zhèng jīng de yán sù miàn kǒng tā

处一看，它有一副一本正经的严肃面孔。它

nà kuān dà ér xiān yàn de huì dài yǒu huī lán huáng hé hóng sān zhǒng

那宽大而鲜艳的喙带有灰蓝、黄和红三种

yán sè pèi shang liǎng jiá de huī bái sè ràng rén bù miǎn lián xiǎng

颜色，配上两颊的灰白色，让人不免联想

qǐ mǎ xì tuán zhōng de xiǎo chǒu kě chèng wéi niǎo lèi de xiào xīng

起马戏团中的小丑，可称为鸟类的笑星。

yǒu rén gěi hǎi yīng qǐ chuò hào jiǔ zāo bí zi dàn bù guǎn rén

有人给海鹦起绰号“酒糟鼻子”，但不管人

menzěn jiào tā tā dōu gěi rén men de shēng huó zēng tiān

们怎样 yàng 叫它，它都给人们的生活增添

lé qíng qù

了情趣。

yǐ yuán dì zhuǎndòng ér bù huì shuāi pò dàn de fū huà qī wèi
以原地转动，而不会摔破。蛋的孵化期为 40~

tiān yóu cí xióng hǎi yīng jiāo tì fū huà dāng xiǎo hǎi yīng chū shì hòu
43 天，由雌雄海鹦交替孵化。当 小海鹦出世后，

tā de fù mǔ lún liú bǔ shí gòng tóng chéng dān yǎng yù tā de zé rèn
它的父母轮流捕食，共 同 承 担养育它的责任。

jūn jiàn niǎo
§军舰鸟

jūn jiàn niǎo shì yī zhǒng dà xíng hǎi niǎo tā shēn pī hēi sè de yǔ
军舰鸟是一种大型海鸟。它身披黑色的羽
máo zhǎn kāi shuāng chì kuān dù kě dá mǐ jūn jiàn niǎo de fēi
毛，展开双翅，宽度可达2.5米。军舰鸟的飞
xíng jì shù shí fēn gāo chāo tā néng jiè zhù qiáng jìn de hǎi fēng cháng shí
行技术十分高超，它能借助强劲的海风，长时
jiān huá xiáng pán xuán kě yǐ fēi dào mǐ de gāo kōng yě kě yǐ
间滑翔盘旋，可以飞到1200米的高空，也可以
lián xù bù tíng de fēi dào lí niǎo cháo qiān mǐ de dì fāng
连续不停地飞到离鸟巢1600千米的地方。

jūn jiàn niǎo zài hǎi yáng shàng kōng dù guò màn màn cháng yè zhè shì
军舰鸟在海洋上空度过漫漫长夜。这是
yīn wèi jūn jiàn niǎo de jiǎo hěn xiǎo zài lù shàng xíng dòng hěn bù fāng biàn
因为军舰鸟的脚很小，在陆上行动很不方便。
tā men zài shā tān shang bǔ shí gāng fū chū de hǎi guī hái chī zài rén lèi
它们在沙滩上捕食刚孵出的海龟，还吃在人类
jù jū dì kě yǐ zhǎo dào de rèn hé shí wù
聚居地可以找到的任何食物。

雄军舰鸟

jūn jiàn niǎo de fán zhí xíng
军舰鸟的繁殖行

wéi fēi cháng qí yì xióng jūn
为非常奇异。雄军

jiàn niǎo de hóu náng tōng cháng shì
舰鸟的喉囊通常是

àn chéng sè de dàn zài fán zhí
暗橙色的，但在繁殖

jì jié què biàn chéng xiān yàn
季节，却变成鲜艳

de fēi hóng sè bìng qiě péng
的绯红色，并且膨

zhàng qǐ lái dà rú xiǎo hái zi
胀起来，大如小孩子

de tóu cí niǎo jiē jìn shí
的头。雌鸟接近时，

xióng niǎo bǎi hǎo zī shì zhǎn shì zì jǐ de hóu náng yǐ xī yǐn duì fāng
雄鸟摆好姿势，展示自己的喉囊，以吸引对方

zhù yì shuāng fāng bǎ huì xiàng shàng qiào zhǎn kāi shuāng yì bìng xiàng
注意。双方把喙向上翘，展开双翼，并向

duì fāng fā chū gē gē gē de jiào shēng zhè zhǒng qiú ǒu kuā yào de
对方发出“咯咯咯”的叫声。这种求偶夸耀的

xíng wéi dá dào gāo cháo shí shuāng fāng biàn shùn lǐ chéng zhāng de jìn xíng jiāo
行为达到高潮时，双方便顺理成章地进行交

pèi
配。

cí niǎo chǎn xià dān dú yī méi dàn hòu xióng niǎo de hóu náng jí màn
雌鸟产下单独一枚蛋后，雄鸟的喉囊即慢
màn biě xià yán sè yě suí zhī xiāo tuì cí xióng jūn jiàn niǎo yī tóng zhù
慢瘪下，颜色也随之消退。雌雄军舰鸟一同筑
cháo hé lì fū dàn jí wèi yǎng yòu chú
巢、合力孵蛋及喂养幼雏。

jūn jiàn niǎo suī rán néng gòu zì jǐ bǔ shí dàn tā men gèng duō de
军舰鸟虽然能够自己捕食，但它们更多地
cǎi yòng qiáng qiǎng de fāng fǎ zài kōng zhōng jié lüè qí tā niǎo lèi tè
采用强抢的方法，在空中劫掠其他鸟类，特
bié shì hóng jiǎo jiān niǎo suǒ bǔ huò de yú lèi jūn jiàn niǎo yīn zhè zhǒng qiáng
别是红脚鲣鸟所捕获的鱼类。军舰鸟因这种强
dào xíng wéi ér bèi rén chēng wéi fēi xíng hǎi dào
盗行为，而被人称为“飞行海盗”。

yàn wō wèi shén me tè bié míng guì
§燕窝为什么特别名贵

yàn wō shì gāo jí míng cài chéng bái sè bàn tòu míng zhuàng shì yòng jīn sī yàn zhù de wō pēng tiáo ér chéng de yàn wō wèi shén me huì shòu dào rén men de qīng lài ne yīn wèi yàn wō bù dàn shì yī zhǒng měi wèi shí pǐn hái shì yíng yǎng jià zhí hěn gāo de bǔ pǐn lǐ miàn hán yǒu jí qí fēng fù de dàn bái zhì hé táng lèi tè bié róng yì bèi rén tǐ xī shōu duì shēn tǐ xū ruò hé dà bìng chū yù de rén yǒu zī bǔ

燕窝是高级名菜，呈白色半透明状，是用金丝燕筑的窝烹调而成的。燕窝为什么会受到人们的青睐呢？因为燕窝不但是一种美味食品，还是营养价值很高的补品。里面含有极其丰富的蛋白质和糖类，特别容易被人体吸收，对身体虚弱和大病初愈的人，有滋补

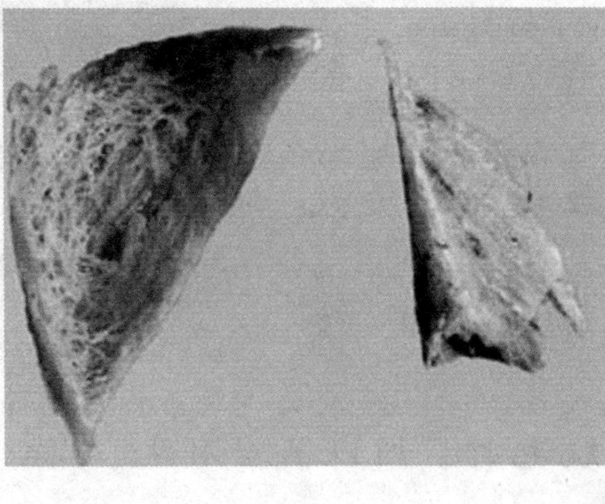

燕窝（白燕）

qiángshēn de zuòyòng
强身的作用。

jīn sī yàn shì yī zhǒng shēng huó zài tài guó fēi lǜ bīn yuè nán
金丝燕是一种生活在泰国、菲律宾、越南
hé yìn dù ní xī yà děng guó de duǎn zuǐ xiǎo yàn chūn tiān wèi le shēng zhí
和印度尼西亚等国的短嘴小燕。春天为了生殖
hòu dài jīn sī yàn kāi shǐ zào wō tā men de hóu bù yǒu nián yè xiàn
后代，金丝燕开始造窝。它们的喉部有黏液腺，
néng fēn mì jiào nián xìng de tuò yè tā bǎ tuò yè zhān zài xuán yá duàn bì
能分泌较黏性的唾液，它把唾液粘在悬崖断壁
shàng chéng wéi yī gè ge yàn wō
上，成为一个个燕窝。

yī bān qíng
一般情
kuàng xià yàn wō
况下，燕窝
yǒu sān zhǒng jīn
有三种。金
sī yàn dì yī cì zuò
丝燕第一次做
wō shí zhèng zhí
窝时，正值

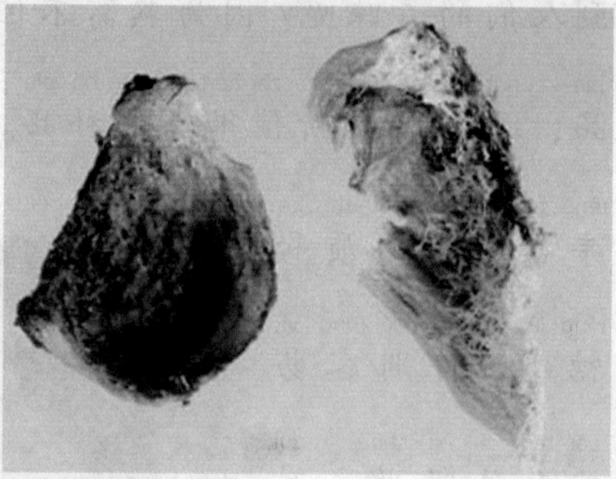

燕窝（毛燕）

tuō máo shí suǒ yǐ wō lǐ yǒu máo chēng máo yàn rú guǒ dì yī gè wō
脱毛时，所以窝里有毛，称毛燕。如果第一个窝
bèi rén cǎi zhāi jīn sī yàn jiù zuò dì èr cì wō jiào gōng yàn zhè shí
被人采摘，金丝燕就做第二次窝，叫宫燕，这时

de yàn wō zhì liàng zuì hǎo gǔ shí hòu yào bǎ tā xiàng huáng dì jìn gòng
的燕窝质量最好，古时候要把它向皇帝进贡。

jīn sī yàn dì sān cì zuò wō de shí hou yóu yú tuò yè yǐ jīng tài shǎo
金丝燕第三次做窝的时候，由于唾液已经太少，

lián xuè dōu tù le chū lái suǒ yǐ wō lǐ hán yǒu xuè sè zhè jiào xuè yàn
连血都吐了出来，所以窝里含有血色，这叫血燕。

chuán shuō zhōngguó dì yī gè chī yàn wō de rén shì
传说中国第一个吃燕窝的人是

míngcháo háng hǎi jiā zhèng hé zhèng hé de yuǎn yáng chuán duì zài
明朝航海家郑和。郑和的远洋船队在

hǎi shang yù dào liǎo dà fēng bào tíng bó zài mǎ lái qún dǎo yī gè
海上遇到了大风暴，停泊在马来群岛一个

huāngdǎochù shí wù jǐn quē wú yì zhōng fā xiàn huāng zài duàn shí
荒岛处，食物紧缺。无意中发现荒在断石

qiào bì shàng de yàn wō yú shì mìng lìng bù shǔ cǎi zhāi xǐ jìng hòu
峭壁上的燕窝，于是命令部属采摘，洗净后

yòng qīng shuǐ dùn zhǔ yòng yǐ chōng jī shù rì hòu chuán
用清水炖煮，用以充饥。数日后，船

yuán gè gè liǎn sè hóng rùn zhōng qì pō zú yú shì chuán duì huí
员各个脸色红润，中气颇足。于是船队回

guó shí dài yī xiē xiàn gěi míngchéng zǔ
国时带一些献给明成祖。

§体型庞大的疣鼻天鹅

疣鼻天鹅又叫哑声天鹅、赤嘴天鹅等，是一种大型游禽，也是天鹅类中体型最大的，体长约为140厘米，体重6～11千克。

疣鼻天鹅比较容易辨认，虽然全身的羽毛也是纯白色的，但嘴是赤红色的，嘴甲为褐色，嘴基和前额交汇处有一个黑色的疣状突起，十分明显。头顶至

疣鼻天鹅

枕部沾有淡棕色，眼线裸露为黑色。尾羽较长而尖，明显与其他天鹅不同。爪和蹼均为黑色。

雌性疣鼻天鹅的体型要比雄鸟略小，前额的疣状突起也小一些。另外，它在水中游泳时，脖子常常弯成“S”形，如同身披白纱、涂着红唇的新娘。

疣鼻天鹅栖息于水草繁茂的河湾和开阔的湖面，有时它们常常在那里玩耍，或在水面上跳着欢快的舞蹈，如果没有外来者的干扰，它们会一直跳下去。

疣鼻天鹅主要以水生植物的叶、根、茎、芽和果实为食，也吃水藻和小型水生动物。白天觅食，晚上休息。

tiān é wèishén me zài gāokōng bù pà quēyǎng

§天鹅为什么在高空不怕缺氧

wǒ men zhī dào yǎng qì de fēn bù shì yǔ hǎi bá gāo dù yǒuguān xì

我们知道，氧气的分布是与海拔高度有关系

de hǎi bá gāo dù yuègāo yǎng qì jiù yuè xī bó duì yú rén lèi lái

的。海拔高度越高，氧气就越稀薄。对于人类来

展翅飞翔的天鹅

shuō rú guǒ píng shí shēng

说，如果平时生

huó zài píng yuán dì qū

活在平原地区，

tū rán dào le gāo yuán dì

突然到了高原地

qū bǐ rú xī zàng gāo

区，比如西藏高

yuánshang huì tè bié bù

原上，会特别不

shì ying chūxiàn hū xī jí

适应，出现呼吸急

cù tóu yūn děng qíng

促、头晕等情

kuàng jiǎ rú dēngshang hǎi bá duō mǐ de xǐ mǎ lā yǎ shān
况。假如登上海拔8 000多米的喜马拉雅山，
qíngkuàng jiù huì gèng zāo gāo bù jīng cháng cān jiā duàn liàn shēn tǐ bù
情况就会更糟糕，不经常参加锻炼，身体不
jiànzhuàng de rén yī dìng huì yīn tǐ lì bù zhī ér dǎo xià zhè shì yīn wèi
健壮的人一定会因体力不支而倒下。这是因为
gāoshān kōng qì xī bó yǎng qì gòng yīng bù zú zàochéng de
高山空气稀薄，氧气供应不足造成的。

ràng wǒ mengǎn dào qí guài de shì yǒu xiē niǎo lèi quènéng suí yì zài
让我们感到奇怪的是，有些鸟类却能随意在
gāokōng zì zài de fēi xíng sì hū cóng lái bù pà quēyǎng yǒu de niǎo
高空自在地飞行，似乎从来不怕缺氧。有的鸟
lèi bǐ rú tiān é tā men shèn zhì néng ān quán de fēi yuè xǐ mǎ lā
类，比如天鹅，它们甚至能安全地飞越喜马拉
yǎ shān
雅山。

tiān é jū zhù zài
天鹅居住在
zhōng yà dì dài qiū tiān
中亚地带，秋天
yī dào biàn jié duì chuān
一到，便结队穿
yuè xǐ mǎ lā yǎ shān
越喜马拉雅山，
dàowēn nuǎn de yìn dù guò
到温暖的印度过

天鹅

dōng tiān é wèi shén me bù pà quē yǎng ne yuán lái tiān é yǒu tè
冬。天鹅为什么不怕缺氧呢？原来，天鹅有特
shū de shēn tǐ jié gòu fèi de qián hòu miàn dōu yǒu néng chǔ cún qì tǐ de
殊的身体结构，肺的前后面都有能储存气体的
náng yī cì néng xī shōu hěn duō kōng qì chǔ zài qì náng lǐ suǒ yǐ
囊，一次能吸收很多空气，储在气囊里，所以
yǒu zú gòu de yǎng qì shǐ yòng
有足够的氧气使用。

tiān é bǎo chí zhuó yī zhǒng xī yǒu de zhōng shēn
天鹅保持着一种稀有的“终身
bàn lǚ zhì zài nán fāng yuè dōng shí bù lùn shì qǔ shí huò xiū xī dū
伴侣制”在南方越冬时不论是取食或休息都
chéng shuāng chéng duì cí tiān é zài chǎn luǎn shí xióng tiān é zài
成双成对。雌天鹅在产卵时，雄天鹅在
páng biān shǒu wèi zhuó yù dào dí hài shí tā pāi dǎ chì bǎng shàng
旁边守卫着，遇到敌害时，它拍打翅膀上
qián yíng dí yǒng gǎn de yǔ duì fāng bó dǒu tā men bù jǐn zài fán
前迎敌，勇敢的与对方搏斗。它们不仅在繁
zhí qī bǐ cǐ hù xiāng bāng zhù píng shí yě shì chéng shuāng chéng
殖期彼此互相帮助，平时也是成双成
duì rú guǒ yī zhī sǐ wáng lìng yī zhī yě què néng wèi zhī shǒu
对，如果一只死亡，另一只也确能为之“守
jié zhōng shēng dān dú shēng huó
节”，终生单独生活。

shì jiè shang shén me niǎo zuì xī yǒu

§世界上 什么鸟最稀有

zhū huán shì yī zhǒng fēi cháng měi lì de niǎo shì wǒ guó suǒ tè yǒu
朱鹮是一种非常美丽的鸟，是我国所特有

de zhēn xī niǎo lèi jí shǐ shì zài zhěng gè shì jiè shang tā yě kě yǐ
的珍稀鸟类。即使是在整个世界上，它也可以

suàn de shàng shì zuì zhēn guì xī yǒu de niǎo le yǐ qián zhū huán céng
算得上是最珍贵稀有的鸟了。以前，朱鹮曾

guǎng fàn fēn bù yú
广泛分布于

yà zhōu dōng bù
亚洲东部，

mù qián zài wǒ guó jǐn
目前在我国仅

yǒu jǐ shí zhī ér
有几十只而

yǐ
已。

朱鹮筑巢

zhū huán de
朱鹮的

1952年日本将朱鹮定为“特别天然纪念物”，1960年在东京召开的第十二次国际鸟类保护会议上被定为“国际保护鸟”；1968年韩国政府也将朱鹮定为“198号天然纪念物”。

体长为70～80厘米，体重为1.5～2千克。从远处看去，朱鹮是白色的，其实它的翅膀和头部是粉红色的，额顶和颊部没有羽毛，呈朱红色。朱鹮的后枕部有冠羽，显得非常特别。

在生活习性上，朱鹮经常栖息在水田、河滩、池塘和山溪附近，有时也会在高大的树上休息。它主要以小鱼、软体动物、甲壳动物、水生昆虫和蛙类等为食。在春天繁殖的季节里，成对的朱鹮会离开越冬时结成的群体，在高大的杨树、松树或栗树上筑巢。雌雄鸟轮流孵化，孵化期大约要经历一个月。

gē zi de yǎn jing yǒu shén me tè bié
§鸽子的眼睛有什么特别

gē zi yǒu zhe yī shuāng shén qí de yǎn jing tā néng zài rén yǎn bù
鸽子有着一双神奇的眼睛，它能在人眼不
jí de jù lí shang fā xiàn fēi xiáng de yīng ér qiě néng qū fēn chū shì chī
及的距离上发现飞翔的鹰，而且能区分出是吃
fǔ ròu de yīng hái shì chī huó wù de yīng zhè yàng tā jiù kě yǐ jué dìng
腐肉的鹰还是吃活物的鹰，这样，它就可以决定
shì fǒu xū yào táo pǎo gē zi hái néng zài jǐ miǎo zhōng nèi cóng qiān wàn zhī
是否需要逃跑。鸽子还能在几秒钟内从千万只
gē zi zhōng rèn chū zì jǐ de bàn lǚ gē zi zài cháng qī lí cháo hòu fǎn
鸽子中认出自己的伴侣。鸽子在长期离巢后返
huí gù jū yě néng cóng xǔ duō kàn sì xiāng fǎng de niǎo cháo zhōng yī yǎn
回故居，也能从许多看似相仿的鸟巢中一眼
rèn chū zì jǐ de jiā
认出自己的家。

wèi shén me gē zi de yǎn jing rú cǐ lì hài ne yuán lái gē zi
为什么鸽子的眼睛如此厉害呢？原来，鸽子
de yǎn jing shì wǎng mó shang yǒu zhǒng shén jīng jié xì bāo tā men néng
的眼睛视网膜上有6种神经节细胞，它们能

fēn bié duì tú xíng de mǒu xiē tè zhēng chǎn shēng tè shū fǎn yìng bìng qiě
分别对图形的某些特征产生特殊反应，并且
zhǐ duì zì shàng ér xià yùn dòng de wù tǐ chǎn shēng fǎn yìng duì zì xià
只对自上而下运动的物体产生反应，对自下
ér shàng yùn dòng zhuó de wù tǐ què shì ér bù jiàn
而上运动着的物体却视而不见。

kē xué jiā gēn jù gē zi yǎn jing de gòu zào zhì zào le yī zhǒng diàn
科学家根据鸽子眼睛的构造，制造了一种电
zǐ gē yǎn rú guǒ jiāng zhè zhǒng diàn zǐ gē yǎn pèi bèi zài jǐng jiè léi dá
子鸽眼。如果将这种电子鸽眼配备在警戒雷达
shang ān zhuāng zài jī chǎng hé guó jìng xiàn fù jìn nà me tā jiù zhǐ huì
上，安装在机场和国境线附近，那么它就只会
jiān shì fēi rù jī chǎng hé guó jìng de mù biāo ér duì fēi chū qù de mù biāo
监视飞入机场和国境的目标，而对飞出去的目标
què shóu shì wú dǔ zhè duì yú tí gāo guó fáng shuǐ píng jù yǒu zhòng yào yì
却熟视无睹。这对于提高国防水平具有重要意
yì
义。

wū yā jiào zhēn de bù jí lì ma

§乌鸦叫真的不吉利吗

wū yā shì biàn bù wǒ guó gè dì de cháng jiàn niǎo lèi yīn wèi tā quán shēn wū hēi jiào shēng sī yǎ nán tīng ér qiě cháng cháng chéng qún jié duì de biān fēi biān jiào suǒ yǐ cóng gǔ shí hou qǐ rén men jiù rèn wéi wū yā jiào shì bù xiáng zhī zhào

乌鸦是遍布我国各地的常见鸟类。因为它全身乌黑，叫声嘶哑难听，而且常常成群结队地边飞边叫，所以从古时候起人们就认为乌鸦叫是不祥之兆。

gēn jù kē xué jiā de yán jiū fā xiàn qí shí wū yā hé qí tā de niǎo bìng méi yǒu bù tóng yě bù yì wèi zhe bù jí lì rén men duì wū yā yī guàn de kàn fǎ shì piàn miàn de bù zhǔn què de cóng mǒu zhǒng chéng dù shàng shuō wū yā hái kě yǐ shuō shì yī zhǒng yì niǎo ne wū yā shì zá shí dòng wù cháng chī yù mǐ guā guǒ dòu lèi děng nóng zuò wù

根据科学家的研究发现，其实乌鸦和其他的鸟并没有不同，也不意味着不吉利。人们对乌鸦一贯的看法是片面的、不准确的。从某种程度上说，乌鸦还可以说是一种益鸟呢。乌鸦是杂食动物，常吃玉米、瓜果、豆类等农作物，

duì nóng yè yǒu wēi hài dàn tā yě chī yī xiē gēng dì shang de hài chóng
对农业有危害。但它也吃一些耕地上的害虫，
duì nóng yè yě yǒu yī dìng de yì chù
对农业也有一定的益处。

shí jì shàng wū yā shì hěn cōng míng de dòng wù rì běn de wū
实际上，乌鸦是很聪明的动物。日本的乌
yā huì jiāng hé táo fàng dào tíng zài hóng dēng qián de qì chē lún xià děng dào
鸦会将核桃放到停在红灯前的汽车轮下，等到
lǜ dēng yī liàng qì chē qián jìn shí jiù huì zhǎn kāi hé tao ké wū yā
绿灯一亮，汽车前进时，就会辗开核桃壳，乌鸦
jiù néng chī dào lǐ miàn de hé tao rén le zěn me yàng wū yā chī dōng
就能吃到里面的核桃仁了。怎么样？乌鸦吃东
xi hěn cōng míng ba
西很聪明吧。

wū yā hái yǒu zūn lǎo ài yòu de hǎo měi dé lǎo wū yā jiāng
乌鸦还有“尊老爱幼”的好美德。老乌鸦将
xiǎo wū yā wèi yǎng dà hòu zì jǐ nián mài tǐ shuāi shí xiǎo wū yā huì zhǔ
小乌鸦喂养大后，自己年迈体衰时，小乌鸦会主
dòng chéng dān qǐ bǔ wù xún shí shì fèng shuāng qīn de zé rèn zhè zài
动承担起捕物寻食，侍奉双亲的责任。这在
zhěng gè dòng wù jiè dōu shì hěn shǎo jiàn de
整个动物界都是很少见的。

zǒujuān
§走鹃

zǒujuān yòu jiào pǎo lù niǎo　tā shēn tǐ bèi bù yǒu yī gè dà hēi bān　qí tā bù fen dōu shì tǔ hè sè de　shēnghuó zài běi měizhōu de shā mò dì dài

走鹃又叫跑路鸟，它身体背部有一个大黑斑，其他部分都是土褐色的，生活在北美洲的沙漠地带。

走鹃

zǒu juān suī rán shì niǎo lèi dàn zhǐ néng zuò duǎn jù lí huá xiáng
走鹃虽然是鸟类，但只能做短距离滑翔。
tā fēi cháng xǐ huan kuài sù bēn pǎo měi xiǎo shí kě yǐ bēn pǎo gōng
它非常喜欢快速奔跑，每小时可以奔跑20公
lǐ zǒu juān zài bēn pǎo zhōng xún mì shí wù tā de wèi kǒu hǎo jí le
里。走鹃在奔跑中寻觅食物。它的胃口好极了，
kūn chóng shì tā de jiā cháng biàn fàn yǒu shí yě bǔ shí qí tā xiǎo niǎo
昆虫是它的家常便饭，有时也捕食其他小鸟、
wō niú xī yì biān fú shèn zhì hái bāo kuò xiē zi dú zhī zhū hé
蜗牛、蜥蜴、蝙蝠，甚至还包括蝎子、毒蜘蛛和
shé zhè xiē lìng rén wàng ér shēng wèi de dòng wù
蛇这些令人望而生畏的动物。

zǒu juān wèi shén me yào pǎo zhe liè qǔ shí wù ne yuán lái tā suǒ
走鹃为什么要跑着猎取食物呢？原来它所
shēng huó de huán jìng shì zài shā mò zhōng shí wù shù liàng bǐ jiào shǎo wèi
生活的环境是在沙漠中，食物数量比较少，为
le tián bǎo dù pí zhǐ hǎo zǒu hěn duō dì fāng
了填饱肚皮只好走很多地方。

zǒu juān yǒng měng hào dǒu yǒu shí tā huì zài kuài sù bēn pǎo zhōng
走鹃勇猛好斗。有时它会在快速奔跑中
chōng jìn xiǎng wěi shé chū mò de dì fāng shuāng fāng yī xiāng yù jiù huì
冲进响尾蛇出没的地方。双方一相遇，就会
bào fā yī chǎng shēng sǐ bó dòu tā tiào yuè zhe duǒ kāi xiǎng wěi shé de gōng
爆发一场生死搏斗。它跳跃着躲开响尾蛇的攻
jī bìng xún zhǎo jī huì pū dào shé de zuǐ hòu yòng huì hé jiǎo zhǎo měng
击，并寻找机会扑到蛇的嘴后，用喙和脚爪猛

击蛇头。如果它胜利了，会得到一顿美餐；偶尔若失败了，代价就是死亡，但它绝不退缩。

据说，如果走鹃通过镜子看到自己的影子，便会“愤怒”地击打镜子，直到将之打碎，因此，人们又称走鹃为“沙漠中的小丑”。

这个“沙漠中的小丑”还有一套独特的保持体温的方法。沙漠中夜晚气温下降很多，走鹃的体温也会有所下降，到了清晨，它会将身体背部的黑斑露出对准太阳，令其充分吸收阳光，体温就会升到正常水平，而不需要耗费自己的能量，这在鸟类中是不多见的。

§为什么大家都喜爱喜鹊

wèi shén me dà jiā dōu xǐ ài xǐ què

民间有句俗语："喜鹊叫，喜将到。"人们喜爱喜鹊不仅仅是因为喜鹊体态优美，全身羽毛漂亮，更主要的是因为喜鹊是一种对人类很有益的鸟。

mín jiān yǒu jù sú yǔ: "xǐ què jiào, xǐ jiāng dào." rén men xǐ ài xǐ què bù jǐn jǐn shì yīn wèi xǐ què tǐ tài yōu měi, quán shēn yǔ máo piào liàng, gèng zhǔ yào de shì yīn wèi xǐ què shì yī zhǒng duì rén lèi hěn yǒu yì de niǎo.

喜鹊享有"田野卫士"的美称。清晨，它们会成群结队地飞到田野里觅食，在庄稼地里跳跃着捉虫，每年能吃掉很多的蝗虫、松毛虫等害虫。根据科学家的调查，喜鹊一年的食物中，80%以上是危害农作物的昆虫，因此，

xǐ què xiǎng yǒu "tián yě wèi shì" de měi chēng. qīng chén, tā men huì chéng qún jié duì de fēi dào tián yě lǐ mì shí, zài zhuāng jià dì lǐ tiào yuè zhe zhuō chóng, měi nián néng chī diào hěn duō de huáng chóng, sōng máo chóng děng hài chóng. gēn jù kē xué jiā de diào chá, xǐ què yī nián de shí wù zhōng, 80% yǐ shàng shì wēi hài nóng zuò wù de kūn chóng, yīn cǐ,

xǐ què duì rén lèi shì yǒu yì de nóng mín men kàn dào xǐ què luò dào tián jiān
喜鹊对人类是有益的。农民们看到喜鹊落到田间，
yóu qí gāo xìng
尤其高兴。

xǐ què yòu shì yù bào tiān qì de gāo shǒu tā de jiào shēng tóng tiān qì
喜鹊又是预报天气的高手，它的叫声同天气
biàn huà yǒu mì qiē guān xì bù tóng de jiào shēng fǎn yìng bù tóng de qì hòu
变化有密切关系，不同的叫声反映不同的气候

喜鹊

zhuàng kuàng zǎo chén ruò xǐ què de jiào shēng wǎn zhuǎn dòng tīng shén tài zì rú ér qiě biān jiào biān tiào jiù biǎo míng jīn tiān jiāng tiān qì qíng hǎo rú guǒ xǐ què de jiào shēng xiǎn xiàn chū bù ān shuō míng yīn yǔ tiān jí jiāng lái lín
状况。早晨，若喜鹊的叫声婉转动听，神态自如，而且边叫边跳，就表明今天将天气晴好；如果喜鹊的叫声显现出不安，说明阴雨天即将来临。

má què

§麻雀

má què yě jiào jiā què xióng niǎo wéi hè hóng sè cí niǎo shāo dài

麻雀也叫家雀。雄鸟为褐红色，雌鸟稍带

gǎn lǎn hè sè duō qī xī yú yǒu rén lèi jīng cháng huó dòng de dì fāng

橄榄褐色，多栖息于有人类经常活动的地方，

zhù cháo yú wū bì yán biān huò shù dòng shí xìng suí jì jié biàn huà

筑巢于屋壁、檐边或树洞。食性随季节变化：

píng shí zhǔ shí gǔ lèi dōng jì jiān shí zá cǎo zhǒng zi shēng zhí jì jié

平时主食谷类；冬季兼食杂草种子；生殖季节

cháng bǔ shí kūn chóng bìng yǐ zhī bǔ wèi chú niǎo yóu yú má què nà duǎn

常捕食昆虫，并以之哺喂雏鸟。由于麻雀那短

xiǎo cū jiàn chéng sān jiǎo

小粗健、呈三角

zhuī xíng de huì duì yú zhuó

锥形的喙，对于啄

shí gǔ wù tè bié má lì

食谷物特别麻利，

suǒ yǐ rén men yī bān zhǐ

所以，人们一般只

zhī dào tā chī dào gǔ děng

知道它吃稻谷等

liáng shí hé guǒ shí què

粮食和果实，却

麻雀

不知道它还喜欢吃害虫和杂草种子，因而蒙怨受屈，被人们视为害鸟，不分青红皂白地大加杀戮。18世纪时，欧洲的普鲁士国王腓特烈，就曾因麻雀啄食他所喜欢吃的樱桃，而公开悬赏扑灭麻雀。两年之内，把麻雀及与其相似的小鸟都捕杀得差不多了，结果却是树木上布满了毛虫。1956年，我国也曾把麻雀与苍蝇、蚊子和老鼠等同看待，一概捕杀，使得一些曾是鸟语花香的城市大煞风景，麻雀及其他小鸟几乎绝迹，而公园及路旁的树木，一度成了毛虫、尺蠖等害虫的天下。

其实鸟类的所谓“益”与“害”是相对而言的，往往随着季节、地点、条件的不同而变化，不能一概而论。

yíng zhǒng niǎo rú hé jiàn zào fū dàn qì

§营冢鸟如何建造“孵蛋器”

zài ào dà lì yà fēi lǜ bīn qún dǎo yī lǐ ān dǎo sà mó
在澳大利亚、菲律宾群岛、伊里安岛、萨摩
yà qún dǎo děng dì shēng huó zhe yī zhǒng fū dàn fāng shì qí tè de niǎo
亚群岛等地，生活着一种孵蛋方式奇特的鸟
ér yíng zhǒng niǎo yī bān niǎo ér shì kào zì jǐ de tǐ wēn měi tiān
儿——营冢鸟。一般鸟儿是靠自己的体温，每天
xiǎo shí bù lí dàn lái fū huà xiǎo niǎo de ér yíng zhǒng niǎo yào cōng
24小时不离蛋来孵化小鸟的。而营冢鸟要“聪
míng yī xiē tā yíng zào le yī zhǒng tiān rán de fū dàn qì lái fū
明”一些，它营造了一种天然的“孵蛋器”来孵
huà xiǎo niǎo bù tóng zhǒng lèi de yíng zhǒng niǎo zhì zào fū dàn qì de
化小鸟。不同种类的营冢鸟制造“孵蛋器”的
fāng fǎ yě bù tóng
方法也不同。

ào dà lì yà yíng zhǒng niǎo jiàn zào fū dàn qì de fāng shì bǐ
澳大利亚营冢鸟建造“孵蛋器”的方式比
jiào diǎn xíng xióng yíng zhǒng niǎo jiāng jiàn zào fū dàn qì zhù cháo de
较典型。雄营冢鸟将建造“孵蛋器”、筑巢的

rèn wù yī bìng wán chéng
任务一并完成。

xióng yíng zhǒng niǎo xuǎn zé
雄营冢鸟选择

yī gè dì xíng liáng hǎo
一个地形良好、

yángguāng chōng zú de dì
阳光充足的地

fāng yòng tā qiáng jiàn de
方，用它强健的

眼斑冢雉是最著名的“营冢鸟”

shuāng zhǎo wā jué yī gè kēng cóng sì miàn bā fāng shōu jí yī xiē shù
双爪挖掘一个坑，从四面八方收集一些树

yè gān cǎo fàng jìn kēng nèi duī chéng dà duī gài shàng yī céng lā jī
叶、干草放进坑内，堆成大堆，盖上一层垃圾

hé ní tǔ jiàn chéng fū dàn qì hé cháo xué wèi cí yíng zhǒng
和泥土，建成“孵蛋器”和巢穴，为雌营冢

niǎo chǎn dàn zuò hǎo zhǔn bèi
鸟产蛋作好准备。

jǐ gè yuè yǐ hòu xióng yíng zhǒng niǎo lǐng zhe cí yíng zhǒng niǎo shuāng
几个月以后，雄营冢鸟领着雌营冢鸟双

shuāng fēi lái fū dàn qì lǐ de wù zhì jīng guò tiān rán fā jiào shǐ
双飞来，“孵蛋器”里的物质经过天然发酵，使

fū dàn qì lǐ miàn de wēn dù shàng shēng xióng yíng zhǒng niǎo bā kāi
“孵蛋器”里面的温度上升。雄营冢鸟扒开

tǔ céng zài duī shang zuàn gè xiǎo kǒng jiāng tóu shēn jìn qù kàn wēn
土层，在堆上钻个小孔，将头伸进去，看温

dù shì fǒu hé shì ruò wēn dù hé shì tā biàn ràng cí yíng zhǒng niǎo zài
度是否合适。若温度合适，它便让雌营冢鸟在
fǔ shóu de shù yè jiān jué chū yī gè kēng jiāng dàn chǎn zài xiǎo kēng zhōng
腐熟的树叶间掘出一个坑，将蛋产在小坑中。
yóu yú dàn zhōng yǒu yī gè qì náng yīn cǐ chǎn xià de dàn dàn jiān zǒng
由于蛋中有一个气囊，因此，产下的蛋蛋尖总
shì xiàng xià shù lì zài làn yè duī zhōng chǎn dàn hòu yíng zhǒng niǎo suí
是向下竖立在烂叶堆中。产蛋后，营冢鸟随
jí jiāng fǔ zhí zhì fù gài zài dàn shàng zài yī céng céng de duī shàng ní
即将腐殖质覆盖在蛋上，再一层层地堆上泥
shā
沙。

yíng zhǒng niǎo bìng bù yīn yǒu le fū dàn qì biàn rèn wéi wàn shì
营冢鸟并不因有了“孵蛋器”便认为万事
dà jí zài zhěng gè fū huà qī jiān yíng zhǒng niǎo cháng cháng fēi dào
大吉。在整个孵化期间，营冢鸟常常飞到
fū dàn qì biān tàn cè wēn dù tōng guò zēng jiǎn tǔ duī fǔ zhí zhì
“孵蛋器”边，探测温度，通过增减土堆腐殖质
hé ní shā shǐ wēn dù héng dìng zài shì yí fū huà de fàn wéi nèi zhí dào
和泥沙，使温度恒定在适宜孵化的范围内，直到
gè yuè hòu chú niǎo pò ké chū lái cái lí kāi cháo xué
2~3个月后雏鸟破壳出来，才离开巢穴。

yíng zhǒng niǎo de fū dàn qì fǎng fú rén lèi de fén mù niǎo
营冢鸟的“孵蛋器”仿佛人类的坟墓，鸟
ér yīn cǐ dé míng
儿因此得名。

xī niǎo shì zěnyàng shēng ér yù nǚ de

§犀鸟是怎样 生儿育女的

xī niǎo tōngcháng shēng huó zài rè dài sēn lín lǐ xī niǎo zhǎng de
犀鸟通常 生活在热带森林里。犀鸟长得
hěnguài tā yǒu yī gè jù dà de xíngzhuàng xiàng xī niú jiǎo de zuǐ yī
很怪，它有一个巨大的形 状 像犀牛角的嘴，一
bānshàng hé gēn bù zhǎng zhe yī gè dà gǔ bāo hěn xiàng wǔ shì de tóu
般上颌根部长着一个大鼓包，很像武士的头

犀鸟

kūi xī niǎo de yǔ máo yán sè yǒu xǔ
盔。犀鸟的羽毛颜色有许
duō zhǒng rú guànbān xī niǎoquánshēn
多种，如冠斑犀鸟全身
hēi sè shuāng jiǎo xī niǎo bèi hēi fù
黑色，双角犀鸟背黑腹
bái děng děng xī niǎo de jiào shēng
白，等等。犀鸟的叫声
hěn xiǎng néng gòuchuán de hěn yuǎn
很响，能够传得很远。
lìng wài xī niǎo shēng ér yù nǚ
另外，犀鸟生儿育女

de fāng shì yě yǔ zhòng bù tóng dāng chūn tiān de fán zhí qī lái dào shí
的方式也与众不同。当春天的繁殖期来到时，
xī niǎo huì zài lí dì miàn hěn gāo de dà shù dòng lǐ jiàn zào cháo xué cí
犀鸟会在离地面很高的大树洞里建造巢穴。雌
niǎo zài dòng lǐ pū shang yǔ máo hé cǎo rán hòu zhù jìn qù chǎn luǎn zhè
鸟在洞里铺上羽毛和草，然后住进去产卵。这
shí xióng niǎo jiù lù xù xián lái ní tǔ hé jiāng guǒ zhā cí niǎo zài cóng
时，雄鸟就陆续衔来泥土和浆果渣，雌鸟再从
wèi lǐ tù chū nián yè tā men gòng tóng fēng zhù dòng kǒu zhǐ liú yī gè
胃里吐出粘液，它们共同封住洞口，只留一个
xiǎo kǒng yǐ biàn cí niǎo néng cóng dòng lǐ shēn chū zuǐ jiān jiē qǔ xióng
小孔，以便雌鸟能从洞里伸出嘴尖，接取雄
niǎo sòng lái de shí wù
鸟送来的食物。

cóng cǐ cí niǎo ān jìng de zài cháo lǐ fū luǎn xióng niǎo zé zhěng
从此，雌鸟安静地在巢里孵卵，雄鸟则整
rì bēn máng xún mì kūn chóng hé guǒ shí děng shí wù yòu niǎo fū chū yǐ
日奔忙，寻觅昆虫和果实等食物。幼鸟孵出以
hòu xióng niǎo yòng zuǐ xián huí lái de shí wù yǐ jīng bù gòu yòng le tā
后，雄鸟用嘴衔回来的食物已经不够用了，它
jiù bǎ zì jǐ jī wèi de nèi bì tuō xià tù chū lái yòng tā zhuāng yùn shí
就把自己肌胃的内壁脱下吐出来，用它装运食
wù děng dào yòu niǎo zhǎng dà hòu xī niǎo quán jiā cái huì yī qǐ lí kāi
物。等到幼鸟长大后，犀鸟全家才会一起离开，
kāi shǐ xīn de shēng huó
开始新的生活。

qīng yǎ tuō sú de bái xián
§清雅脱俗的白鹇

bái xián zài zhòng duō zhì kē niǎo lèi xuàn lì huá měi yǔ máo de yìng chèn
白鹇在众多雉科鸟类绚丽华美羽毛的映衬
zhī xià xiǎn de shí fēn qīng yǎ tuō sú tā men méi yǒu xiān yàn duó mù de
之下，显得十分清雅脱俗。它们没有鲜艳夺目的
sè cǎi xióng niǎo shàng tǐ hé liǎng chì bái sè mì bù hēi wén yǔ
色彩，雄鸟上体和两翅白色，密布黑纹。羽
guàn hé xià tǐ dōu shì huī lán sè wěi cháng zhōng yāng wěi yǔ jìn chún bái
冠和下体都是灰蓝色。尾长，中央尾羽近纯白
sè wài cè wěi yǔ jù hēi sè bō wén tā men zài lín zhōng jí zǒu shí
色，外侧尾羽具黑色波纹，它们在林中疾走时，
yuǎn yuǎn wàng qù hěn xiàng pī zhe bái sè de cháng dǒu péng bèi
远远望去，很像披着白色的长“斗蓬”，被
fēng chuī kāi lòu chū huī lán sè de nèi yī yǎn bù luǒ lòu pí fū chéng
风吹开露出灰蓝色的“内衣”。眼部裸露皮肤呈
hóng sè jiǎo yì wéi hóng sè xiān yàn xiǎn yǎn cí niǎo quán shēn chéng
红色，脚亦为红色，鲜艳显眼。雌鸟全身呈
gǎn lǎn hè sè yǔ guàn jìn hēi sè hé xióng niǎo xiāng bǐ shí fēn xùn sè
橄榄褐色，羽冠近黑色，和雄鸟相比十分逊色。

白鹇

白鹇是一雄多雌制，每当交配季节来临之时，它们两颊裸露的部分就开始增大，颜色也由暗红色变为鲜红色，羽毛显得光泽感十足。雄鸟求偶时，就会环绕雌鸟步行并做摆翅、击翅的动作，来吸引雌鸟的注意力。

白鹇广布于我国南部各省，栖息于多林的山地，一年中大部分时间都在浓密的竹丛中间活动，从山下直到海拔1 500米的高处都有它们美丽的身影。白天隐匿不见，晨昏活动。觅食时边走边叫，叫声粗哑难听。走路时也保持高度警

tì jīng cháng zuǒ gù yòu pàn fā xiàn dí qíng lì jí táo zǒu zhè shí
惕，经常左顾右盼，发现敌情，立即逃走，这时
yǔ guàn shù lì yíng fēng chuī sàn hěn xiàng tóu jīn zài fēng zhōng piāo
羽冠竖立，迎风吹散，很像“头巾”在风中飘
yáng wěi yǔ yě suí fēng wēi yáng tā men bù shàn fēi xíng yù dào zhàng
扬，尾羽也随风微扬。它们不善飞行，遇到障
ài huò pò bù dé yǐ de shí hou cái zhǎn chì fēi qǐ chú le fán zhí jì
碍或迫不得已的时候，才展翅飞起。除了繁殖季
jié yǐ wài bái xián dōu zài shù shang qī xī guò sù ér qiě cí xióng fēn
节以外，白鹇都在树上栖息过宿，而且雌雄分
zhī ér qī
枝而栖。

bái xián hěn ài qīng jié shì niǎo lèi zhōng de wèi shēng biāo
白鹇很爱清洁，是鸟类中的“卫生标
bīng tā men cháng xǐ huan zài guàn cóng jiào xī guāng xiàn chōng zú de
兵”，它们常喜欢在灌丛较稀、光线充足的
dì shang yòng zú zhǎo bō qǐ shā tǔ xǐ shuā tǐ yǔ bèi chēng zhī wéi
地上，用足爪拨起沙土洗刷体羽，被称之为
shā yù suí hòu biàn shū fu de dǎo wò zài dì shàng xiǎng shòu rì
“沙浴”，随后便舒服地倒卧在地上享受“日
guāng yù
光浴”。

yǔ yàn
§雨燕

fēi de zuì kuài de niǎo shì wěi bù yǒu jǐ gǔ de hè yǔ yàn guān yú
飞得最快的鸟是尾部有脊骨的褐雨燕，关于
tā de shí sù yǒu liǎng zhǒng bào dào nián sū lián bào dào wéi
它的时速有两种报道，1942 年苏联报道为
qiān mǐ xiǎo shí ér nián zài yìn dù dōng běi kǎ chá shān
170.98 千米/小时。而 1934 年在印度东北卡查山
dì qū yī cì qiān mǐ de fēi xíng zhōng yòng miǎo biǎo cè chū zhè
地区一次 3.22 千米的飞行中，用秒表测出这
zhǒng hè yǔ yàn de shí sù gāo dá qiān mǐ zhī jiān
种褐雨燕的时速高达 276.47~353.23 千米之间。

yǔ yàn hé yī bān qiū qù chūn lái de yàn zi dà bù xiāng tóng qián
雨燕和一般秋去春来的燕子大不相同，前
zhě wéi xiǎo xíng pān qín qí zuì dà de tè diǎn zhī yī shì sì gè jiǎo zhǐ quán
者为小型攀禽，其最大的特点之一是四个脚趾全
dōu cháo qián hòu zhě wéi míng qín zú zhǐ sān qián yī hòu yǔ yàn de
都朝前；后者为鸣禽，足趾三前一后。雨燕的
zhǒng lèi hěn duō wǒ guó gòng yǒu zhǒng qí zhōng zuì cháng jiàn de
种类很多，我国共有 7 种，其中最常见的

shì běi jīng yǔ yàn cháng jí chéng dà qún yú gāo kōng jí fēi bǔ chóng
是北京雨燕，常集成大群于高空疾飞捕虫，
zhù cháo yú yī xiē zhōng guó shì dà wū dǐng de gǔ jiàn zhù gé lóu lǐ gù
筑巢于一些中国式大屋顶的古建筑阁楼里，故
yòu yǒu lóu yàn zhī chēng
又有楼燕之称。

yǔ yàn fū fù gòng tóng fū huà tā men de hòu dài dà yuē duō
雨燕夫妇共同孵化它们的后代。大约20多
tiān hòu xiǎo yǔ yàn jiù huì pò ké ér chū wèi le gěi xiǎo yǔ yàn wèi shí
天后，小雨燕就会破壳而出。为了给小雨燕喂食，
fù mǔ men yào dào sēn lín zhōng bǔ zhuō kūn chóng dà yuē tiān hòu
父母们要到森林中捕捉昆虫，大约45天后，
xiǎo yǔ yàn jiù yǐ jīng yǔ máo fēng mǎn kāi shǐ xué xí dú lì shēng huó le
小雨燕就已经羽毛丰满，开始学习独立生活了。

jiè wō shēng dàn de dù juān
§借窝生蛋的杜鹃

dù juān yòu jiào bù gǔ niǎo, tā shì yī zhǒng yì niǎo。tā ài chī sōng máo chóng, shì bǔ zhuō sōng máo chóng de néng shǒu, céng bèi rén men guàn yǐ "hù lín wèi shì" de chēng hào。dù juān xìng qíng gū pì, píng shí dà duō dān dú huó dòng, jí shǐ zài fán zhí qī jiān, yě bù xiàng qí tā niǎo lèi yī yàng cí xióng chéng duì shēng huó zài yī qǐ, ér shì cí xióng luàn pèi, guò hòu fēn kāi。

杜鹃又叫布谷鸟，它是一种益鸟。它爱吃松毛虫，是捕捉松毛虫的能手，曾被人们冠以“护林卫士”的称号。杜鹃性情孤僻，平时大多单独活动，即使在繁殖期间，也不像其他鸟类一样雌雄成对生活在一起，而是雌雄乱配，过后分开。

tā men bù zhù cháo, bù fū luǎn, bù yù chú, dàn shì què néng fán zhí hòu dài。yuán lái, dù juān zài cháng qī de shēng cún yǎn huà zhōng liàn jiù le yī tào yǐ jiǎ luàn zhēn de běn lǐng, tā xià de dàn zài yán sè、dà

它们不筑巢，不孵卵，不育雏，但是却能繁殖后代。原来，杜鹃在长期的生存演化中练就了一套以假乱真的本领，它下的蛋在颜色、大

xiǎo bān diǎn huā wén shang
小、斑点、花纹上

yǔ huáng yīng yún què děng qí
与黄莺、云雀等其

tā niǎo de dàn wán quán yī zhì
他鸟的蛋完全一致，

suǒ yǐ tā cháng cháng bǎ zì
所以它常常把自

jǐ de dàn tōu tōu xià zài zhè xiē
己的蛋偷偷下在这些

niǎo de cháo lǐ ràng zhè xiē
鸟的巢里，让这些

niǎo bāng tā fū huà yù chú
鸟帮它孵化、育雏。

杜鹃

dāng fū huà xiǎo dù juān de huáng lí yún què hái méi xǐng wù guò lái shí
当孵化小杜鹃的黄鹂、云雀还没醒悟过来时，

yǔ máo fēng mǎn de xiǎo dù juān biàn gēn zhe děng zài fù jìn de shēng mǔ yuǎn
羽毛丰满的小杜鹃便跟着等在附近的生母远

zǒu gāo fēi le
走高飞了。

kǒu shé líng qiǎo de yīng wǔ
§口舌灵巧的鹦鹉

yīng wǔ yǔ máo měi lì yǒu hóng sè de huáng sè de lǜ sè
鹦鹉羽毛美丽，有红色的、黄色的、绿色
de hái yǒu bái sè de yīng wǔ de zuǐ hé lǎo yīng yī yàng xiàng gè gōu
的，还有白色的。鹦鹉的嘴和老鹰一样，像个钩
zi kě yǐ yòng lái gōu zhù dōng xi bāng zhù pān yuán tā tuǐ duǎn
子，可以用来勾住东西，帮助攀援。它腿短，
jiǎo zhǐ liǎng qián liǎng hòu jì bù biàn yú xíng zǒu yě bù biàn yú tiào yuè
脚趾两前两后，既不便于行走，也不便于跳跃，
xū yào yòng zì jǐ de zuǐ lái bāng zhù xíng dòng
需要用自己的嘴来帮助行动。

yīng wǔ kǒu shé líng qiǎo néng niàn rén míng néng bèi shù zì hái
鹦鹉口舌灵巧，能念人名，能背数字，还
néng xué huì jiǎn dān de huà jí suǒ wèi yīng wǔ xué shé cǐ wài yīng wǔ hái
能学会简单的话，即所谓鹦鹉学舌。此外鹦鹉还
néng mó fǎng rén chàng gē hēng jìn xíng qū hé dì fāng jù shèn zhì
能模仿人唱歌，“哼”进行曲和地方剧，甚至
hái néng mó fǎng èr hú xiǎo hào de yǎn zòu shēng qí shí yīng wǔ xué
还能模仿二胡、小号的演奏声。其实，鹦鹉学

shé zhǐ shì zài shēng yīn shang jiā yǐ mó fǎng ér yǐ tā men bìng bù
舌，只是在声音上加以模仿而已，它们并不
zhēnzhèngdǒng de rén lèi yǔ yán de zhēn shí hán yì
真正懂得人类语言的真实含义。

qīngchén yīng wǔ chéng qún jié duì de fēi xiàng tián yě tíng yuán
清晨，鹦鹉成群结队地飞向田野、庭园、
shù lín xúnzhǎo tā men ài chī de zhí wù zhǒng zi hé guǒ shí fā xiàn le
树林，寻找它们爱吃的植物种子和果实。发现了
shí wù tā men biàn huì dà shēngjiào hǎn zhāo hū tóng bàn yī dào bǎo cān
食物，它们便会大声叫喊，招呼同伴一道饱餐。

yīng wǔ de zhǒng lèi jiào duō yě shēng de mǔ dān yīng wǔ xǐ chéng qún
鹦鹉的种类较多，野生的牡丹鹦鹉喜成群
shēng huó mì shí zhí wù zhǒng zi
生活，觅食植物种子、
guǒ shí nèn yè děng cǐ wài
果实、嫩叶等。此外，
tā men hái xǐ huan yǎo bō shù pí
它们还喜欢咬剥树皮、
shù yè bìng jiāng tā men sī suì hòu
树叶，并将它们撕碎后
diàn rù cháo nèi
垫入巢内。

金刚鹦鹉

hǔ pí yīng wǔ shì yīng wǔ jiā
虎皮鹦鹉是鹦鹉家
zú zhōng zuì xiǎo de yī zhǒng yǒu
族中最小的一种，有

yī duì cháng wěi yǔ sè huá lì yóu yú cháng qī rén gōng sì yǎng de jié
一对长尾。羽色华丽，由于长期人工饲养的结
guǒ biàn huà jiào duō yǒu huáng lǜ tiān lán shēn lán chún bái
果，变化较多，有黄、绿、天蓝、深蓝、纯白
děng sè xióng niǎo yǔ cí niǎo de tǐ sè xiāng tóng cí xióng niǎo qū bié
等色；雄鸟与雌鸟的体色相同，雌雄鸟区别
yú bí bù là mó de yán sè xióng niǎo chéng lán sè cí niǎo chéng shēn
于鼻部蜡膜的颜色，雄鸟呈蓝色，雌鸟呈深
ròu sè dàn yòu niǎo dōu shì jí dàn de lán sè
肉色，但幼鸟都是极淡的蓝色。

yě shēng de hǔ pí yīng wǔ xǐ huan chéng qún shēng huó cháng xuān zào
野生的虎皮鹦鹉喜欢成群生活，常喧噪
bù xiū ruò jǐ shí zhī de yī dà qún qí zào shēng zhèn ěr yù lóng shǐ
不休，若几十只的一大群，其噪声震耳欲聋，使
rén nán yǐ rěn shòu tā men mì shí zhí wù zhǒng zi hé guǒ shí fán zhí shí
人难以忍受。它们觅食植物种子和果实，繁殖时
zhù cháo yú shù dòng zhōng luǎn wéi yuán xíng chéng bái sè
筑巢于树洞中，卵为圆形呈白色。

měi nián yǒu chéng qiān shàng wàn de yīng wǔ zài yǔ lín zhōng bèi bǔ zhuō
每年有成千上万的鹦鹉在雨林中被捕捉，
yòu bèi zhuāng dào xiá xiǎo yōng jǐ de xiāng zhōng fàn mài wǎng gè gè guó jiā ě
又被装到狭小拥挤的箱中贩卖往各个国家，恶
liè de cháng tú yùn shū shǐ xǔ duō niǎo sǐ diào duì yú yě shēng yīng wǔ lái
劣的长途运输使许多鸟死掉。对于野生鹦鹉来
shuō bèi rén zhuō qù dāng chǒng wù shì yī jiàn fēi cháng bù xìng de shì
说，被人捉去当宠物是一件非常不幸的事。

fēng niǎo yǒu shén me fēi xíng tè jì

§蜂鸟有什么飞行特技

fēng niǎo chǎn yú nán měi zhōu zhǐ yǒu rén de mǔ zhǐ nà yàng dà xiǎo
蜂鸟产于南美洲，只有人的拇指那样大小，
zài niǎo lèi zhōng tā shì yī zhǒng shí fēn qí tè ér yǒu qù de niǎo fēng
在鸟类中，它是一种十分奇特而有趣的鸟。蜂
niǎo hé xīn qín de mì fēng yī yàng yǐ cǎi jí huā mì wéi shēng yīn cǐ
鸟和辛勤的蜜蜂一样，以采集花蜜为生，因此
rén men bǎ tā jiào zuò fēng niǎo fēng niǎo de nài lì hěn qiáng měi nián tā
人们把它叫做蜂鸟。蜂鸟的耐力很强，每年它
dōu yào fēi yuè gōng lǐ kuān de mò xī gē wān
都要飞越800公里宽的墨西哥湾。

fēng niǎo yǒu yī zhǒng qí tā niǎo bù jù bèi de běn lǐng tā jī hū
蜂鸟有一种其他鸟不具备的本领，它几乎
kě yǐ wán quán tíng zài kōng zhōng fēng niǎo de chì bǎng duǎn xiǎo ér
可以完全“停”在空中。蜂鸟的翅膀短小而
yǒu lì shān dòng sù dù dá dào měi miǎo zhōng cì shì gē zi de
有力，扇动速度达到每秒钟70次，是鸽子的
bèi yīn cǐ tā jù yǒu shén qí de fēi xíng tè jì néng dǎo tuì fēi
10倍，因此它具有神奇的飞行特技，能倒退飞

xíng huò zhě tíng zài kōng zhōng bù dòng yǐ jí xiàng zhí shēng fēi jī yī
行，或者停在空中不动，以及像直升飞机一
yàng chuí zhí shēng jiàng
样垂直升降。

wèi shén me
为什么
fēng niǎo néng yǒu zhè
蜂鸟能有这
yàng de běn lǐng ne
样的本领呢？
zhè yī fāng miàn dé
这一方面得
yì yú tā de shēn
益于它的身
tǐ hěn qīng lìng yī fāng miàn yóu yú fēng niǎo xí guàn yú chī huā ruǐ zhōng
体很轻，另一方面，由于蜂鸟习惯于吃花蕊中
de mì zhī hé duǒ cáng zài huā zhōng xīn de xiǎo kūn chóng ér zhè xiē huā yī
的蜜汁和躲藏在花中心的小昆虫，而这些花一
bān yòu dōu tài xiǎo ér qiě fēi cháng jiāo róu rú guǒ fēng niǎo tíng zài huā
般又都太小而且非常娇柔，如果蜂鸟停在花
shang huā duǒ jiù huì zhī chí bù zhù tā de zhòng liàng suǒ yǐ fēng niǎo bù
上，花朵就会支持不住它的重量，所以蜂鸟不
dé bù fā zhǎn tā nà qí yì de chì bǎng dāng fēng niǎo de chì bǎng jí sù
得不发展它那奇异的翅膀。当蜂鸟的翅膀急速
zhèn dòng de shí hou rén men zhǐ néng gòu zài yǎn qián kàn dào yī piàn huī wù
振动的时候，人们只能够在眼前看到一片灰雾。

蜂鸟

jìn guǎnfēngniǎo de dà nǎo zuì duō zhī yǒu yī lì mǐ dà
尽管蜂鸟的大脑最多只有一粒米大
xiǎo dàn tā men de jì yì néng lì què xiāng dāng jīng rén lái zì
小，但它们的记忆能力却相当惊人。来自
yīngguó hé jiā ná dà de kē yán rén yuán zuì jìn fā xiàn fēng niǎo bù
英国和加拿大的科研人员最近发现，蜂鸟不
dànnéng jì zhù zì jǐ gāng gāng chī guò de shí wù zhǒng lèi shèn zhì
但能记住自己刚刚吃过的食物种类，甚至
háinéng jì zhù zì jǐ dà yuē zài shén me shí hou chī de dōng xī yīn
还能记住自己大约在什么时候吃的东西，因
cǐ kě yǐ qīng sōng dì chī nà xiē hái méiyǒu bèi zì jǐ pǐn cháng
此可以轻松地吃那些还没有被自己“品尝”
de dōng xi
的东西。

hè shuì jiào shí wèi shén me zǒng shì dān jiǎo zhàn lì

§鹤睡觉时为什么总是单脚站立

hè lèi de zhǎng xiāng yī bān dōu hěn piào liàng shēn shòu wǒ guó rén mín
鹤类的长相一般都很漂亮，深受我国人民
de xǐ ài kě shì zài zì rán jiè hè què zhǐ néng suàn shì gè ruò
的喜爱。可是，在自然界，鹤却只能算是个弱

白鹤

zhě hè yǒu hěn duō tiān
者。鹤有很多天
dí wèi le zài zì rán jiè
敌，为了在自然界
lǐ shēng cún xià qù tā
里生存下去，它
men bì xū duì zhōu wéi de
们必须对周围的
shēng huó huán jìng bǎo chí gāo
生活环境保持高
dù jǐng tì shí kè dī
度警惕，时刻提
fáng dí rén de xí jī
防敌人的袭击。

那么，鹤是怎样睡觉的呢？原来，它们是站立着睡觉的。正因为鹤要时刻防备敌人，所以，它们绝不敢像一些猛兽那样躺在地上呼呼睡大觉。我们试想一下，如果它们躺下睡觉，万一碰到紧急情况，等到想爬起来逃跑，往往就来不及了。因此，鹤类不是不想躺下睡觉，而是周围的环境迫使它们不能这样做。

可是，站着睡觉毕竟很吃力。鹤只好用一只脚站着休息，过一会儿，用另一只脚交换站着，让自己舒服一下。如果睡觉的时候敌人突然来了，它们只要放下一只脚，伸展一下翅膀就能快速飞走，逃离危险。

shī dì zhēn qín dān dǐng hè

§湿地珍禽——丹顶鹤

dān dǐng hè shì yī zhǒng shēng huó zài zhǎo zé huò qiǎn shuǐ dì dài de
丹顶鹤是一种生活在沼泽或浅水地带的
dà xíng niǎo lèi tā shēn pī bái sè yǔ máo hóu jiá hé jǐng bù wéi àn
大型鸟类。它身披白色羽毛，喉、颊和颈部为暗
hè sè cháng ér wān qū de hēi sè fēi yǔ chéng gōng zhuàng fù gài zài
褐色，长而弯曲的黑色飞羽呈弓状，覆盖在
bái sè wěi yǔ shang luǒ lòu de tóu dǐng chéng zhū hóng sè tā xìng qíng gāo
白色尾羽上。裸露的头顶呈朱红色。它性情高
yǎ xíng tài měi lì zhí lì shí yǒu yī mǐ duō gāo
雅，形态美丽，直立时有一米多高。

dān dǐng hè shì diǎn xíng de hòu niǎo měi nián suí jì jié qì hòu de biàn
丹顶鹤是典型的候鸟，每年随季节气候的变
huà yǒu guī lǜ de nán lái běi wǎng qiān xǐ tā duō qī xī yú kāi kuò de
化，有规律地南来北往迁徙。它多栖息于开阔的
lú wěi cóng huò duō cǎo de zhǎo zé dì dài zhǔ yào yǐ yú xiā bèi lèi
芦苇丛或多草的沼泽地带，主要以鱼、虾、贝类
hé zhí wù gēn jīng wéi shí dān dǐng hè yuè chū kāi shǐ zé ǒu yī dàn
和植物根茎为食。丹顶鹤4月初开始择偶。一旦

丹顶鹤翩翩起舞

hūn pèi chéng duì jiù xié lǎo zhì
婚配成对，就偕老至
zhōng dān dǐng hè yī bān yuè
终。丹顶鹤一般4月
zhōng xià xún kāi shǐ chǎn luǎn
中下旬开始产卵。5
yuè zhōng xià xún chú niǎo xiāng jì
月中下旬，雏鸟相继
pò ké ér chū duō xiǎo shí hòu
破壳而出，20多小时后
jiù néng pán shān xíng zǒu hái huì
就能蹒跚行走，还会
yóu shuǐ gè yuè hòu zhǎng dà
游水；3个月后长大
chéng xíng jiù néng zì yóu fēi
成形，就能自由飞
xiáng quán shì jiè yě shēng dān dǐng hè de zǒng shù jǐn zhī zuǒ yòu
翔。全世界野生丹顶鹤的总数仅1200只左右，
wǒ guó yuē yǒu duō zhī zhàn shì jiè zǒng shù de zuǒ yòu shǔ
我国约有700多只，占世界总数的60%左右，属
yú guó jiā yī lèi bǎo hù dòng wù
于国家一类保护动物。

dān dǐng hè de shòu mìng yī bān wéi nián
丹顶鹤的寿命一般为20~30年。

dōng fēi miǎn hè
§东非冕鹤

dōng fēi miǎn hè de huì duǎn ér píng zhí miàn jiá shang tú àn fēi
东非冕鹤的喙短而平直，面颊上图案非
cháng yàn lì yóu xiān hóng sè hé bái sè zǔ chéng shuāng tuǐ xiū cháng
常艳丽，由鲜红色和白色组成。双腿修长，
zú shang yǒu zhǐ hòu zhǐ yǔ qí tā zhǐ bù zài tóng yī píng miàn
足上有4趾，后趾与其他3趾不在同一平面
shang ér shì gāo gāo de zhǎng zài tuǐ shang jǐng xì cháng ér yōu měi
上，而是高高地长在腿上。颈细长而优美，
zuì yǐn rén zhù mù de shì dōng fēi miǎn hè de tóu dǐng yǒu yī cù róu ruǎn de jīn
最引人注目的是东非冕鹤的头顶有一簇柔软的金
huáng sè yǔ máo kàn shang qù xiàng yī dǐng wáng guàn
黄色羽毛看上去像一顶王冠。

dāng yī zhī dōng fēi miǎn hè áng shǒu kuò bù xíng zǒu shí qí tā de
当一只东非冕鹤昂首阔步行走时，其他的
dōng fēi miǎn hè men huì zhǎn kāi guàn máo zuò de shēn jū gōng rán
东非冕鹤们会展开冠毛，作90°的深鞠躬，然
hòu fā chū cū yǎ cì ěr de jiào shēng yǔ dà duō shù hè lèi bù tóng de
后发出粗哑刺耳的叫声。与大多数鹤类不同的

shì dōng fēi miǎn hè de qì guǎn méi yǒu zhě zhòu ér shì píng huá de
是，东非冕鹤的气管没有褶皱，而是平滑的，
zhè jiù shǐ de tā men de jiào shēng xiǎn de yǔ zhòng bù tóng
这就使得它们的叫声显得与众不同。

dōng fēi miǎn hè qī
东非冕鹤栖
xī zài fēi zhōu dōng nán bù de
息在非洲东南部的
kāi fàng shī dì cǎo yuán hé
开放湿地、草原和
zhǎo zé dì dài zài fēi xíng
沼泽地带。在飞行
shí jǐng hé tuǐ wēi wēi xià
时，颈和腿微微下
chuí zī tài bèn zhuō huì
垂，姿态笨拙，会
lòu chū tǐ yǔ shang bái sè de
露出体羽上白色的
yì bān zhè kě shì tā men
翼斑，这可是它们

东非冕鹤

xiàng yì xìng xuàn yào de zī běn cí xióng miǎn hè yī dàn jiāo wěi jiù huì xíng
向异性炫耀的资本。雌雄冕鹤一旦交尾，就会形
yǐng bù lí sī shǒu zhōng shēng tā men yī nián zhǐ fán zhí yī cì gòng
影不离，厮守终生。它们一年只繁殖一次，共
tóng bǔ yù chú niǎo chéng zhǎng
同哺育雏鸟成长。

zuǐ bǐ wèi dà de tí hú

§嘴比胃大的鹈鹕

tí hú yòu jiào táng é zuǐ hěn dà xià hé yǒu gè rú dài zi bān

鹈鹕又叫塘鹅，嘴很大，下颌有个如袋子般

de hóunáng tí hú zuǐ lǐ zhuāng de dōng xi bǐ tā wèi lǐ néngzhuāng de

的喉囊，鹈鹕嘴里装的东西比它胃里能装的

hái yào duō tā de zuǐ lǐ néng zhuāng shàng yī gè xīng qī de shí wù

还要多。它的嘴里能装上一个星期的食物。

suī rán tā menshǔ yú dà xíng niǎo lèi dànxióng tí hú yàobǎo hù de fàn wéi

虽然它们属于大型鸟类，但雄鹈鹕要保护的范围

zhǐ shì tā zuǐ nénggòu

只是它嘴能够

dào dá de dì fāng

到达的地方。

tí hú fēi cháng xǐ

鹈鹕非常喜

huan xǐ zǎo tā men

欢洗澡，它们

bǎi dòng tóu bù

摆动头部，

鹈鹕

jiāng hé xià xiàn tǐ fēn mì de yóu zhī cā zài yǔ máo shang rán hòu yòng zuǐ
将颔下腺体分泌的油脂擦在羽毛上，然后用嘴
bǎ yǔ máo shū zhuāng zhěng jì chì bǎng zhāng kāi yǒu mǐ duō kuān tā
把羽毛梳妆整齐，翅膀张开有2米多宽。它
shàn yú yóu yǒng cháng cháng qī xī zài hé hú àn biān yòng chì bǎng pāi
擅于游泳，常常栖息在河湖岸边，用翅膀拍
dǎ shuǐ miàn bǎ yú gǎn dào qiǎn shuǐ lǐ zhāng kāi wǎng dōu shì de zuǐ
打水面，把鱼赶到浅水里，张开网兜似的嘴，
lāo qǐ yú lái tūn shí tí hú xǐ huan qún jū yī dàn fā xiàn yú qún
捞起鱼来吞食。鹈鹕喜欢群居，一旦发现鱼群，
huì hěn kuài gēn zōng shàng lái pái chéng yī tiáo zhí xiàn xíng chéng bàn yuán
会很快跟踪上来，排成一条直线，形成半圆
xíng jìn xíng bāo chāo hé ér bǔ zhī tā de pí xià yǒu xǔ duō kōng qì
形进行包抄，合而捕之。它的皮下有许多空气
pāo shì shēn tǐ yǔ shuǐ miàn zhuàng jī shí de huǎn chōng céng dāng tā
泡，是身体与水面撞击时的缓冲层。当它
men zài kōng zhōng fēi xiáng shí yī dàn fā xiàn yú huì tū rán cóng kōng
们在空中飞翔时，一旦发现鱼，会突然从空
zhōng jiàn yī bān de chā rù shuǐ zhōng qù bǔ yú
中箭一般地插入水中去捕鱼。

jìn rù fán yǎn jì jié tí hú de zuǐ shàng jiù huì gǔ qǐ yī gè qiú
进入繁衍季节，鹈鹕的嘴上就会鼓起一个球
xíng wù yīn wèi zài fán yǎn jì jié tiān qì hěn rè tā men gǔ qǐ hóu
形物。因为在繁衍季节，天气很热，它们鼓起喉
bù yǒu zhù yú sàn rè ér bù xiàng gǒu nà yàng shēn chū shé tou qù sàn rè
部有助于散热，而不像狗那样伸出舌头去散热。

yú mín de bāngshǒu lú cí

§渔民的帮手——鸬鹚

lú cí shì yī zhǒng shuǐ niǎo chú le nán jí qū hé běi jí qū yǐ
鸬鹚是一种水鸟，除了南极区和北极区以
wài shì jiè gè dì dōu yǒu fēn bù lú cí de yàng zi kàn shang qù hěn
外，世界各地都有分布。鸬鹚的样子看上去很
xiàng yā zi dàn yǔ máo
像鸭子，但羽毛
què shì hēi hè sè de
却是黑褐色的，
bìng qiě huì fā chū jīn
并且，会发出金
shǔ bān de lán guāng lú
属般的蓝光。鸬
cí yǒu yī zhāng cháng ér
鹚有一张长而

鸬鹚

dài jù chǐ de zuǐ bǔ qǐ yú lái gé wài fāng biàn qí hóu bù yǒu gè péng
带锯齿的嘴，捕起鱼来格外方便。其喉部有个膨
dà de dì fāng zhè shì tā zàn shí cún fàng yú de cāng kù yú mín men
大的地方，这是它暂时存放鱼的仓库。渔民们

利用鸬鹚这个特点，把它的脖子扎起来，放到水中捕鱼。

鸬鹚颈长翼短，在热带的淡水水域中一般都能发现它们的踪迹，而在温带淡水水域中，鸬鹚则大多是从海上来做客的。

作为水鸟，鸬鹚一般都是能飞翔的，但也有不能飞行的鸬鹚，这就是加拉巴哥群岛的不飞鸬鹚。

bái guàn
§ 白鹳

bái guàn shì yī zhǒng jiào dà de hòu niǎo tā de shēn tǐ zhǎng dà yuē
白鹳是一种较大的候鸟，它的身体长大约1
mǐ tuǐ huì xì cháng chéng zhū hóng sè chú yì de hòu bàn bù fen shì hēi
米，腿喙细长呈朱红色。除翼的后半部分是黑
sè wài quán shēn dōu chéng chún bái sè tā men jīng cháng zài xī liú chí
色外，全身都呈纯白色。它们经常在溪流、池
táng biān màn yóu yě huì zài cǎo dì huò dào tián lǐ xún zhǎo shí wù tā men
塘边漫游，也会在草地或稻田里寻找食物。它们
fēi xiáng huǎn màn
飞翔缓慢，
ǒu ěr huì shēn zhǎn
偶尔会伸展
tuǐ hé jǐng huá
腿和颈滑
xiáng bái guàn de
翔。白鹳的
jiā tíng guān niàn bǐ
家庭观念比

白鹳

jiào qiáng yī dàn xuǎn dìng pèi ǒu jiù huì bǎo chí hǎo duō nián ér qiě měi
较强，一旦选定配偶，就会保持好多年，而且每
nián dōu huí dào tóng yī gè cháo zhōng shēng ér yù nǚ
年都回到同一个巢中生儿育女。

bái guàn de chì bǎng cháng ér qiě kuān dà zài cháng tú fēi xíng shí
白鹳的翅膀长而且宽大，在长途飞行时，
tā men cǎi yòng pāi chì fēi xíng hé áo xiáng xiāng jié hé de bàn fǎ yóu yú
它们采用拍翅飞行和翱翔相结合的办法。由于
áo xiáng fēi xíng yī lài yú zhǐ yǒu zài lù dì shang kōng cái néng zhǎo dào de
翱翔飞行依赖于只有在陆地上空才能找到的
rè qì liú suǒ yǐ bái guàn bì miǎn zài kuān kuò de hǎi miàn shang jìn xíng
热气流，所以白鹳避免在宽阔的海面上进行
cháng jù lí de lǚ xíng tā men zài ōu zhōu yǔ fēi zhōu zhī jiān de yuè yáng
长距离的旅行。它们在欧洲与非洲之间的越洋
qiān xǐ lù xiàn zǒng shì xuǎn zé zhí bù luó tuó xiá zhǎi de hǎi xiá shàng kōng huò
迁徙路线总是选择直布罗陀狭窄的海峡上空或
zhě wèi yú hēi hǎi xiá cháng hǎi yù de bó sī pǔ lǔ sī hǎi xiá shàng kōng
者位于黑海狭长海域的博斯普鲁斯海峡上空。

hēi guàn
§黑鹳

hēi guàn quán shēn de yǔ máo chú xiōng fù bù jié bái rú xuě wài qí
黑鹳全身的羽毛除胸腹部洁白如雪外，其
yú jiē wéi hēi hè sè tā zhǎng yǒu
余皆为黑褐色。它长有
yī zhāng hóng sè de cháng zuǐ ba
一张红色的长嘴巴，
tóng bái guàn yuán lái shì yī duì qīn
同白鹳原来是一对亲
mì wú jiān de táng jiě mèi
密无间的“堂姐妹”，
zuì chū dōu jū zhù zài yōu gǔ mì lín
最初都居住在幽谷密林
zhī zhōng
之中。

黑鹳

hòu lái bái guàn zài rén men de wū dǐng shang ān xià le shū shì de
后来，白鹳在人们的屋顶上安下了舒适的
jiā ér hēi guàn què gù zhí de jì xù jū zhù zài rén jì hǎn zhì de lín mù
家，而黑鹳却固执地继续居住在人迹罕至的林木

shùshāo shang hēi guàn de shùliàng xiàn zài yǐ shí fēn xī shǎo
树梢上。黑鹳的数量现在已十分稀少。

hēi guàn shì huá xiáng gāo shǒu fēi xíng shí dòng zuò qīng kuài shū zhǎn
黑鹳是滑翔高手，飞行时动作轻快舒展。

píng shí tā mò rán wú yǔ duì shí wù cóng bù tiāo tī yǒu shén me chī
平时，它默然无语，对食物从不挑剔，有什么吃

shén me zhǔ yào mì shí zhǎo zé hé cháo shī dì shang de wā yú hé jiǎ
什么，主要觅食沼泽和潮湿地上的蛙、鱼和甲

ké dòng wù
壳动物。

hēi guàn shì yī zhǒng guān shǎng xìng hěn gāo de zhēn qín yǐ bèi liè
黑鹳是一种观赏性很高的珍禽，已被列

wéi guó jiā yī jí zhòng diǎn bǎo hù yě shēng dòng wù
为国家一级重点保护野生动物。

§ 牛背鹭

牛背鹭羽色以白色为主，头、颈、上胸及背上饰有橙黄色羽毛，嘴和眼裸露部分为橙黄色，脚趾为黑色。冬季牛背鹭的橙黄色饰羽脱落，全身羽毛变为白色。牛背鹭的卵呈蓝绿色，雌雄共同孵卵，共同育雏。

牛背鹭经常喜欢在湖泊上空作短距离飞行，一般高度在40～100米，飞行时初级飞羽显现出来，边飞边鸣，甚为美妙。降落前，两翅平伸盘旋数圈，脚落地后两翅张一下，接

zhe shōulǒng cháng bàn yǒu míng
着收拢，常伴有鸣

jiào shēng xiǎn de yōu yǎ ér
叫声，显得优雅而

zì zài
自在。

牛背鹭

niú bèi lù qī xī yú dī
牛背鹭栖息于低

shān píng yuán mù chǎng
山、平原、牧场、

hú pō hé zhǎo zé dì tā men
湖泊和沼泽地。它们

shēng xìng jī jǐng jiàn rén jí
生性机警，见人即

fēi fēi xíng jù lí jiào duǎn
飞，飞行距离较短，

dà yuē mǐ jiù jiàng luò niú bèi lù zhù cháo zài guàn mù zhī
大约10～50米就降落。牛背鹭筑巢在灌木枝

shàng cháo cái yòng kū zhī hé kū cǎo niú bèi lù zài yè sù shí jǐng
上，巢材用枯枝和枯草。牛背鹭在夜宿时，颈

bù shōusuō huì hé liǎn chā rù bèi yǔ nèi dān jiǎo zhàn lì wǎnshàng
部收缩，喙和脸插入背羽内，单脚站立。晚上

qī xī shí yǒu lǎo niú bèi lù jǐng jiè hòu bàn yè cái fàng xīn shuì qù cóng
栖息时有老牛背鹭警戒，后半夜才放心睡去，从

qián liè rén jīng cháng chèn cǐ shí jī jìn xíng bǔ zhuō niú bèi lù shí fēn
前猎人经常趁此时机进行捕捉。牛背鹭十分

jī mǐn shòu jīng hòu yī bān bù zài lái yuán dì sù yè tiān liàng hòu niú
机敏，受惊后一般不再来原地宿夜。天亮后，牛

bèi lù zhú jiàn cóng shuì mián zhuàng tài zhōng sū xǐng guò lái lǐ máo guān
背鹭逐渐从睡眠状态中苏醒过来，理毛、观

wàng kāi shǐ yī tiān de shēng huó
望，开始一天的生活。

bái lù

§白鹭

bái lù tiān shēng lì zhì shēn tǐ xiū cháng ér shòu xiāo tā yǒu
白鹭天生丽质，身体修长而瘦削，它有
zhe xì cháng de tuǐ bó zi hé zuǐ jiǎo zhǐ yě bǐ jiào xì cháng
着细长的腿、脖子和嘴，脚趾也比较细长。

bái lù quán shēn pī zhe jié bái rú xuě de yǔ máo kě wèi míng fù
白鹭全身披着洁白如雪的羽毛，可谓名副
qí shí fán zhí qī jiān nǎo hòu biàn huì zhǎng chū liǎng gēn yú lí mǐ
其实。繁殖期间，脑后便会长出两根10余厘米
cháng de yǔ máo kàn shang qù hǎo xiàng xiǎo gū niáng de liǎng tiáo biàn zi
长的羽毛，看上去好像小姑娘的两条辫子。
xiōng bù hé bèi bù huì chū xiàn sī zhuàng de cháng yǔ máo jiù rú tóng yòng
胸部和背部会出现丝状的长羽毛，就如同用
cǎo yè biān zhī chéng de yǔ yī suí fēng qǐ wǔ de shí hou xiǎn de yóu wéi
草叶编织成的雨衣，随风起舞的时候，显得尤为
měi lì zhè xiē sī zhuàng cháng yǔ máo shì shàng děng zhuāng shì pǐn
美丽。这些丝状长羽毛，是上等装饰品，
xī fāng xǔ duō guó jiā céng yī dù yòng lái zuò wéi nǚ xìng de zhuāng shì pǐn
西方许多国家曾一度用来作为女性的装饰品。

白鹭

bái lù fēn bù jiào guǎng zài ōu zhōu nán bù fēi zhōu yà zhōu zhōng bù hé nán bù ào dà lì yà děng dì qū yǐ jí wǒ guó nán fāng gè dì dōu yǒu tā de zōng jì

白鹭分布较广，在欧洲南部、非洲、亚洲中部和南部、澳大利亚等地区以及我国南方各地都有它的踪迹。

píng shí bái lù yī zhī jiǎo suō zài fù bù xià miàn lìng wài yī zhī jiǎo zé zhàn zài shuǐ lǐ yī dòng yě bù dòng shén tài gāo guì ér yōu yǎ yú wā děng dào tā de shēn páng shí tā kào líng huó de bó zi hé yú chā yī yàng de jiān zuǐ xùn sù zhǔn què de bǎ liè wù zhuā zhù yù dào dà hé bàng bái lù huì shí fēn qiǎo miào de jiāng tā diāo qǐ lái xiàng àn biān de shí tóu shàng měng shuǎi zhí

平时，白鹭一只脚缩在腹部下面，另外一只脚则站在水里一动也不动，神态高贵而优雅。鱼、蛙等到它的身旁时，它靠灵活的脖子和鱼叉一样的尖嘴，迅速准确地把猎物抓住。遇到大河蚌，白鹭会十分巧妙地将它叼起来，向岸边的石头上 猛甩，直

zhì jiāng hé bàng zhèn de zhāng kāi shuāng ké rán hòu zài chǎng kāi dù zi měi
至将河蚌震得张开双壳，然后再敞开肚子美

měi de bǎo cān yī dùn
美地饱餐一顿。

niǎo lèi wèi shén me yào qiān xǐ
鸟类为什么要迁徙

yǒu de kē xué jiā rèn wéi yuǎn zài duō wàn nián qián
有的科学家认为，远在10多万年前，

dì qiú shang céng chū xiàn guò duō cì bīng chuān qī bīng chuān lái lín
地球上曾出现过多次冰川期。冰川来临

shí běi bàn qiú guǎng dà dì qū bīng tiān xuě dì niǎo lèi zhǎo bù
时，北半球广大地区冰天雪地，鸟类找不

dào shí wù zhǐ hǎo fēi dào wēn nuǎn de dì fāng hòu lái bīng chuān zhú
到食物，只好飞到温暖的地方。后来冰川逐

jiàn róng huà bìng xiàng běi fāng tuì què xǔ duō niǎo lèi yòu fēi huí
渐融化，并向北方退却，许多鸟类又飞回

lái yóu yú bīng chuān zhōu qī xìng de lái lín hé tuì què jiù xíng
来。由于冰川周期性的来临和退却，就形

chéng le niǎo lèi qiān xǐ de xí xìng rú guǒ zhēn shì zhè yàng nà
成了鸟类迁徙的习性。如果真是这样，那

me niǎo lèi de qiān xǐ xiàn xiàng zǎo zài jǐ bǎi wàn nián qián jiù cún zài
么鸟类的迁徙现象早在几百万年前就存在

le
了。

diào yú láng　cuì niǎo

§ 钓鱼郎——翠鸟

cuì niǎo yī bān shēng huó zài shuǐ biān zhuān mén chī yú sú chēng
翠鸟一般生活在水边，专门吃鱼，俗称
diào yú láng chú le hóng huì hóng tuǐ wài quán shēn dà bù fen shì cuì
“钓鱼郎”。除了红喙红腿外，全身大部分是翠
lǜ sè de cuì niǎo shì
绿色的。翠鸟是
fēi xiáng gāo shǒu shí sù
飞翔高手，时速
kě dá qiān mǐ
可达90千米。

měi nián yuè
每年4~7月，
cuì niǎo huì chéng shuāng chéng
翠鸟会成双成
duì de yòng záo zi yī yàng
对地用凿子一样
de dà zuǐ zài dǒu qiào
的大嘴，在陡峭
de hé àn shang jué
的河岸上掘

翠鸟

洞，建造自己的家。这时，翠鸟像直升飞机一样悬空停在土洞口，然后耐心地凿击土坡。翠鸟所掘的洞有时会深达2.5米。雌翠鸟凿洞时，雄翠鸟会把鱼送来，配合得非常默契。

翠鸟不善于泅水，但却是杰出的“跳水健将”。它们常常站在水边的树枝或者岩石上，静静地注视着水中游动的鱼，一旦看准了目标，就像一颗即将出膛的子弹，一下子射入水中，用尖锐的大嘴既准又狠地捕鱼，然后像深水下发射的火箭一样，叼着鱼快速离开水面，飞回原来站立的地方。翠鸟怕鱼逃跑，先吞下鱼头，然后再美美地享用鱼的其余部分。

cuì niǎo zhā rù shuǐ zhōng hòu hái néng bǎo chí jí jiā
翠鸟扎入水中后，还能保持极佳

de shì lì yīn wèi tā de yǎn jing jìn rù shuǐ zhōng hòu néng xùn sù
的视力，因为它的眼睛进入水中后，能迅速

diào zhěng shuǐ zhōng yīn wèi guāng xiàn zào chéng de shì jiǎo fǎn chā suǒ
调整水中因为光线造成的视角反差。所

yǐ cuì niǎo de bǔ yú běn lǐng jī hū shì bǎi fā bǎi zhòng háo wú xū
以翠鸟的捕鱼本领几乎是百发百中，毫无虚

fā
发。

jié bànyuǎn háng lǜ tóu yā

§结伴远航——绿头鸭

lǜ tóu yā shì wǒ guó běi fāng yī zhǒng cháng jiàn de yě yā yīn xióng yā
绿头鸭是我国北方一种常见的野鸭，因雄鸭
tóu jǐng bù pī liàng lǜ sè de yǔ máo ér dé míng tā shì xiàn zài jiā yā de zǔ
头颈部披亮绿色的羽毛而得名，它是现在家鸭的祖
xiān zhī yī lǜ tóu yā jì huì yóu yǒng yòu shàn fēi xíng tā men měi nián xià
先之一。绿头鸭既会游泳，又善飞行。它们每年夏
jì shēng huó zài běi fāng de zhǎo zé dì qū chǎn luǎn yù ér yī dào qiū tiān
季生活在北方的沼泽地区，产卵育儿。一到秋天，
jiù lù xù nán yí yuè dōng yě
就陆续南移越冬。野
yā chéng qún jié duì yǒu shí
鸭成群结队，有时
mì jí de yā qún lüè kōng ér
密集的鸭群掠空而
guò hǎo sì yī piàn wū yún zhē
过，好似一片乌云遮
bì shàng kōng lái nián chūn nuǎn
蔽上空。来年春暖

绿头鸭

huā kāi shí yòu cóng nán fāng de yuè dōng dì fǎn huí běi fāng gù lǐ xióng xìng lǜ
花开时又从南方的越冬地返回北方故里。雄性绿

雄性绿头鸭

tóu yā de tóu hé jǐng jūn
头鸭的头和颈均

pī jīn shǔ liàng lǜ sè yǔ
披金属亮绿色羽

máo jǐng xià bù yǒu yī
毛，颈下部有一

bái sè lǐng quān bèi bù
白色领圈。背部

yǔ máo hēi hè sè fù bù lì sè cí xìng yā tǐ zōng hè sè cí xióng
羽毛黑褐色，腹部栗色。雌性鸭体棕褐色。雌雄

tǐ jiē yǒu zǐ lán sè yì jìng lǜ tóu yā yǐ gè zhǒng zhí wù de gēn
体皆有紫蓝色翼镜。绿头鸭以各种植物的根、

jīng zá cǎo zhǒng zi hé yī xiē xiǎo xíng dòng wù wéi shí
茎，杂草种子和一些小型动物为食。

měi guó wèi shén me bǎ bái tóu yīng dìng wéi guó niǎo
§美国为什么把白头鹰定为国鸟

shì jiè shang xǔ duō guó jiā dōu yǒu zì jǐ de guó niǎo zuì zǎo què dìng
世界上许多国家都有自己的国鸟。最早确定
guó niǎo de shì měi guó
国鸟的是美国。

bái tóu yīng yě jiào bái tóu hǎi diāo shì měi guó tè yǒu de niǎo lèi
白头鹰也叫白头海雕，是美国特有的鸟类。
kě shì zài yǐ qián de yī duàn shí jiān yóu yú guò liàng shǐ yòng
可是，在以前的一段时间，由于过量使用 DDT
nóng yào yǐ jí luàn bǔ làn
农药以及乱捕滥
liè měi guó de bái tóu yīng
猎，美国的白头鹰
yī dù bīn lín miè jué zhè
一度濒临灭绝。这
yī xiàn xiàng yǐn qǐ le xǔ
一现象引起了许
duō yǒu shí zhī shì de zhòng
多有识之士的重

美国国鸟

shì fēn fēn hū yù cǎi qǔ yǒu lì cuò shī bǎo hù bái tóu yīng wèi le bǎo hù
视，纷纷呼吁采取有力措施保护白头鹰。为了保护
zhè zhǒng zhēn qín shǐ rén men shù lì ài niǎo hù niǎo de yì shí tóng
这种珍禽，使人们树立爱鸟、护鸟的意识，同
shí kǎo lǜ dào bái tóu yīng jù yǒu wēi yán gāng qiáng de fēng cǎi měi guó guó
时考虑到白头鹰具有威严、刚强的风采，美国国
huì tōng guò jué yì jiāng bái tóu yīng dìng wéi guó niǎo zuò wéi měi guó de
会通过决议，将白头鹰定为“国鸟”，作为美国的
biāo zhì hé xiàng zhēng
标志和象征。

cóng cǐ yǐ hòu rén men gèng qīng chǔ de rèn shi dào yě shēng dòng wù
从此以后，人们更清楚地认识到野生动物
shì dà zì rán liú xià
是大自然留下
de zhēn guì yí chǎn
的珍贵遗产，
shì zì rán shēng tài
是自然生态
huán jìng de zhòng yào
环境的重要
bù fen shì rén lèi
部分，是人类

白头海雕

de qīn mì péng you yīng gāi nǔ lì wèi tā men chuàng zào liáng hǎo de shēng cún
的亲密朋友，应该努力为它们创造良好的生存
huán jìng suǒ yǐ shì jiè shàng yī xiē guó jiā fēn fēn xiào fǎng měi guó
环境。所以，世界上一些国家纷纷效仿美国

de zuò fǎ bǎ běn guó rén mín xǐ ài de huò jù yǒu zhòng yào jià zhí de niǎo
的做法，把本国人民喜爱的或具有重要价值的鸟，
xuǎn dìng wéi běn guó de guó niǎo mù qián wǒ guó hái méi yǒu què dìng guó
选定为本国的国鸟。目前，我国还没有确定国
niǎo
鸟。

měi guó guó niǎo
美国国鸟

nián yuè rì měi guó guó huì jué dìng jiāng bái tóu
1782 年 6 月 20 日，美国国会决定将白头
hǎi diāo zuò wéi guó niǎo zhè shì quán shì jiè yǐ niǎo zuò wéi guó niǎo de
海雕作为国鸟。这是全世界以鸟作为国鸟的
yī gè chuàng jǔ měi guó zhī suǒ yǐ xuǎn bái tóu hǎi diāo zuò wéi guó
一个创举。美国之所以选白头海雕作为国
niǎo chú le cǐ niǎo wēi wǔ xióng zhuàng xiàng zhēng zhe guó jiā de
鸟，除了此鸟威武雄壮，象征着国家的
jiān qiáng hé mín zú de yǒng gǎn yǐ wài hái zài yú tā men shì měi zhōu
坚强和民族的勇敢以外，还在于它们是美洲
de tè chǎn zhēn qín dāng shí zhèng chù yú bīn lín miè jué de jìng dì
的特产珍禽，当时正处于濒临灭绝的境地。
xiàn zài měi guó de guó huī shang měi guó jūn duì de zhì fú shàng
现在，美国的国徽上，美国军队的制服上，
dōu huì zhe yī zhī bái tóu hǎi diāo tā de yī zhī jiǎo zhuā zhe gǎn lǎn zhī
都绘着一只白头海雕。它的一只脚抓着橄榄枝，
lìng yī zhī jiǎo zhuā zhe yī shù jiàn xiàng zhēng zhe guó huì hé zhàn zhēng
另一只脚抓着一束箭，象征着国会和战争
de quán lì zuǐ lǐ diāo zhe yī tiáo huáng sè de dài zi shàng miàn
的权力；嘴里叼着一条黄色的带子，上面
xiě zhe hé zhòng wéi yī shì měi lì jiān hé zhòng guó gè zhōu zǔ
写着"合众为一"，是美利坚合众国各州组
chéng yī gè wán zhěng de guó jiā de yì si
成一个完整的国家的意思。

bái tóu hǎi diāo xǐ huan shēng huó zài yǒu shuǐ de dì fāng cí xióng
白头海雕喜欢生活在有水的地方，雌雄

chéng duì huó dòng tā men zhǔ yào zhuó shí sǐ de huò kuài yào sǐ de yú
成对活动。它们主要啄食死的或快要死的鱼，

yě kě yǐ jiāng shuǐ miàn yóu dòng de huó yú zhuā qǐ lái tuō dào àn shang
也可以将水面游动的活鱼抓起来，拖到岸上

màn màn pǐn cháng tā men yě bǔ shí hǎi niǎo ǒu ěr hái huì xí jī
慢慢品尝。它们也捕食海鸟，偶尔还会袭击

zhèng zài fēi xíng de tiān é tā men wèi kǒu hěn dà měi tiān yào chī
正在飞行的天鹅。它们胃口很大，每天要吃4

qiān kè dòng wù ròu bái tóu hǎi diāo cháng cháng zài kōng zhōng zhuī zhú rén
千克动物肉。白头海雕常常在空中追逐人

chēng yú fū de è qiáng pò tā men rēng diào zhǎo zhōng huò zuǐ
称“渔夫”的鹗，强迫它们扔掉爪中或嘴

shang de yú bǎ yú qiǎng guò lái zhè zhǒng xíng jìng bà dào wú lǐ
上的鱼，把鱼抢过来。这种行径霸道无礼，

pō xiàng hǎi dào yīn ér yǒu rén chēng tā men wéi qiáng dào niǎo
颇像海盗，因而有人称它们为“强盗鸟”。

guàn yú gǒu
§冠鱼狗

guàn yú gǒu shàng tǐ chéng qīng hēi sè bìng shēng yǒu bái sè bān diǎn hé
冠鱼狗上体呈青黑色并生有白色斑点和
héng bān tóu bù jù yǒu míng xiǎn de guàn yǔ jiá cè zhì jǐng cè yǒu dà
横斑，头部具有明显的冠羽。颊侧至颈侧有大
kuài de bái bān shàng miàn yǒu hēi sè de tiáo wén guàn yú gǒu de xià tǐ
块的白斑，上面有黑色的条纹。冠鱼狗的下体
shì hēi sè de bìng jù yǒu huáng hēi sè de xiōng wén liǎng lèi jù huáng
是黑色的，并具有黄黑色的胸纹，两肋具黄
sè héng bān
色横斑。

guàn yú gǒu yǒu shí fú zài shuǐ miàn shàng kōng gǔ dòng shuāng chì
冠鱼狗有时浮在水面上空，鼓动双翅，
xiàng zhí shēng fēi jī nà yàng tíng xuán cì jī děng hòu shuǐ zhōng yóu yú de
像直升飞机那样停悬，伺机等候水中游鱼的
chū xiàn yī dàn fā xiàn mǎ shàng diāo qù wèi yǎng cháo zhōng de chú niǎo
出现。一旦发现，马上叼去喂养巢中的雏鸟。
děng tā men de chú niǎo zhǎng dà zài cháo xué fù jìn biàn duī le hěn duō de
等它们的雏鸟长大，在巢穴附近便堆了很多的

冠鱼狗

yú gú tóu guàn yú gǒu
鱼骨头。冠鱼狗
qī xī yú shān lù huò sēn
栖息于山麓或森
lín zài dī àn tián
林，在堤岸、田
kǎn děng chù wā dòng wéi
坎等处挖洞为
cháo tā men jīng cháng
巢。它们经常
bǎ luǎn chǎn zài qiào bì
把卵产在峭壁
shàng de dòng zhōng zhè yàng rén lèi hé qí tā dòng wù hěn nán jiē jìn
上的洞中，这样人类和其他动物很难接近，
yǒu lì yú tā men hòu dài de fán yǎn
有利于它们后代的繁衍。

guàn yú gǒu cháng zài hé xī yán àn fēi xiáng huò qī xī yú shuǐ biān
冠鱼狗常在河溪沿岸飞翔，或栖息于水边
jìn shuǐ miàn de shù zhī shang zhuān zhù de guān chá zhe shuǐ miàn rú guǒ
近水面的树枝上，专注地观察着水面。如果
tā men fā xiàn yú jiù huì xùn sù qián shuǐ qù bǔ zhuō bìng bǎ bǔ dào de yú
它们发现鱼，就会迅速潜水去捕捉并把捕到的鱼
dài dào qī xī dì shǒu xiān tā men huì bǎ yú zài shù zhī shang zhuàng hūn
带到栖息地。首先它们会把鱼在树枝上撞昏，
rán hòu zài màn màn de xiǎng yòng
然后再慢慢地享用。

wèishénme jiù de bó zi guāng tū tū de
§为什么鹫的脖子光秃秃的

jiù hé yīng de zhǎngxiāng chā bù duō kě shì tā men de xí xìng què
鹫和鹰的长相差不多，可是它们的习性却
wán quán bù tóng yīng shì diǎnxíng de měng qín zhuānmén bǔ shí yī xiē
完全不同。鹰是典型的猛禽，专门捕食一些
xiǎo dòng wù shèn zhì lián yáng nà me dà de dòng wù yě shì tā men de bǔ
小动物，甚至连羊那么大的动物也是它们的捕
liè duì xiàng
猎对象。

gēn jù zì jǐ de xiǎng xiàng rén men bǎ jiù yě suàn zuò měng qín
根据自己的想象，人们把鹫也算作猛禽，
rèn wéi tā hé yīng shì tóng lèi qí shí jiù jì bù huì xí jī yě zhuā
认为它和鹰是同类。其实，鹫既不会袭击，也抓
bù zhù shén me dòng wù zuì duō zhǐ shì chī sǐ qù de dòng wù bà le
不住什么动物，最多只是吃死去的动物罢了。
zhǐ yǒu è jí le de jiù cái huì jìn gōng huó de dòng wù ér tā de liè wù
只有饿极了的鹫才会进攻活的动物，而它的猎物
yě dà duō shì yī xiē mí lù de yòu xiǎo dòng wù
也大多是一些迷路的幼小动物。

红头美洲鹫

jiù de zhuǎ zi bù xiàng
鹫的爪子不像
lǎo yīng de nà yàng jiān lì tā
老鹰的那样尖利，它
wú fǎ zhuā zhù bēn pǎo de dòng
无法抓住奔跑的动
wù gèng méi běn shì bǎ tā
物，更没本事把它
men shā sǐ tā zuì duō zhǐ
们杀死。它最多只
néng jiā zhù dòng wù de shī tǐ
能夹住动物的尸体。
jiù de cháng zuǐ yě zhǐ shì sī
鹫的长嘴也只是撕
kāi fǔ ròu de gōng jù ér yǐ jiù chī shí shí yào bǎ tā de tóu wánquán
开腐肉的工具而已。鹫吃食时，要把它的头完全
shēndàodòng wù de shī tǐ lǐ zài tái qǐ tóu lái de shí hou méi yǒu yǔ
伸到动物的尸体里，再抬起头来的时候，没有羽
máo de guāng bó zi shang zhān bù dào shén me cán ròu wū xuè zhè duì jiù
毛的光脖子上沾不到什么残肉污血。这对鹫
lái shuō jí wéi fāngbiàn lìng wài yóu yú jiù shēnghuó zài yán rè de gē
来说极为方便。另外，由于鹫生活在炎热的戈
bì shang bó zi guāng tū tū de yě gèng yǒu lì yú sàn rè kě jiàn
壁上，脖子光秃秃的也更有利于散热。可见，
jiù de bó zi shang méi yǒu máo yě shì yǒu dào lǐ de
鹫的脖子上没有毛，也是有道理的。

§金雕——大型猛禽的代表

jīn diāo shì dà xíng měng qín de dài biǎo zhǒng lèi tǐ cháng wéi mǐ
金雕是大型猛禽的代表种类，体长为1米

zuǒ yòu yì zhǎn dá mǐ tǐ zhòng
左右，翼展达2米，体重

qiān kè tǐ yǔ wèi zōng hè
2～5千克。体羽为棕褐

sè zài hòu tóu zhěn hé hòu jǐng děng
色，在后头、枕和后颈等

bù dōu yǒu hěn jiān ruì de jīn huáng sè yǔ
部都有很尖锐的金黄色羽

máo chéng pī zhēn zhuàng xìng qíng
毛，呈披针状，性情

xiōng měng tǐ tài xióng wěi
凶猛，体态雄伟。

金雕

jīn diāo de zuì qián duān yǒu yī
金雕的最前端有一

gè jiān ruì de wān gōu zhǔ yào yòng yú sī liè liè wù tuǐ shàng quán bù
个尖锐的弯钩，主要用于撕裂猎物。腿上全部

yǒu yǔ máo jiǎo de sān zhǐ xiàng qián yī zhǐ xiàng hòu zhǐ shàng dōu
有羽毛，脚的三趾向前，一趾向后，趾上都
zhǎng zhe ruì rú shī hǔ de yòu cū yòu cháng de jiǎo zhì lì zhǎo nèi zhǐ hé
长着锐如狮虎的又粗又长的角质利爪，内趾和
hòu zhǐ shàng de zhǎo gèng wéi ruì lì
后趾上的爪更为锐利。

jīn diāo shàn yú huá xiáng hé áo xiáng cháng zài gāo kōng zhōng yī biān
金雕善于滑翔和翱翔，常在高空中一边
chéng zhí xiàn hé yuán quān zhuàng pán xuán yī biān fǔ shì dì miàn xún zhǎo
呈直线和圆圈状盘旋，一边俯视地面寻找
liè wù fā xiàn mù biāo hòu cháng yǐ měi xiǎo shí qiān mǐ de sù
猎物，发现目标后，常以每小时300千米的速
dù shǎn diàn bān cóng tiān ér jiàng tā bǔ shí de liè wù yǒu shù shí zhǒng
度，闪电般从天而降。它捕食的猎物有数十种
zhī duō shèn zhì kě yǐ zài cǎo yuán shàng cháng jù lí de zhuī zhú láng
之多，甚至可以在草原上长距离地追逐狼。

shì jiè shàng shén me niǎo zuì dà
§世界上 什么鸟最大

yào tán dào xiàn dài niǎo lèi zhōng na yī zhǒng niǎo de shēn cái zuì gāo dà
要谈到现代鸟类中哪一种鸟的身材最高大，
nà wú yí yào suàn tuó niǎo le tuó niǎo shēng huó zài fēi zhōu de shā mò huāng
那无疑要算鸵鸟了。鸵鸟生活在非洲的沙漠荒
yuán shēn gāo kě dá mǐ zuǒ yòu tā de bó zi hěn cháng tóu què hěn
原，身高可达3米左右，它的脖子很长，头却很
xiǎo zuǐ biǎn píng chì bǎng duǎn xiǎo bù néng fēi tuǐ cháng ér yǒu lì
小，嘴扁平，翅膀短小，不能飞，腿长而有力。

刚刚出壳的小鸵鸟

tuó niǎo de yǔ máo yán sè
鸵鸟的羽毛颜色
bìng bù piào liàng cí niǎo yī
并不漂亮，雌鸟一
bān wéi huī hè sè xióng niǎo de
般为灰褐色，雄鸟的
yì hé wěi bù yǒu bái sè yǔ
翼和尾部有白色羽
máo tā men yǐ cǎo zhǒng zi yě guǒ kūn chóng hé ruǎn tǐ dòng wù
毛。它们以草、种子、野果、昆虫和软体动物

wéi shí
为食。

zài fēi zhōu de shā mò dì qū
在非洲的沙漠地区，
tuó niǎo jīng guò xùn liàn kě gòng rén qí tā
鸵鸟经过训练可供人骑。它
de yǔ máo kě yòng lái zuò zhuāng shì pǐn
的羽毛可用来做装饰品。
cǐ wài hái yǒu bù shǎo guó jiā dà liàng
此外，还有不少国家大量
sì yǎng tuó niǎo yīn wèi tā de ròu yòng
饲养鸵鸟，因为它的肉用
jià zhí hěn gāo
价值很高。

鸵鸟

nǐ bié kàn tuó niǎo de gè tóu hěn dà dàn tā qí shí shēng xìng hěn dǎn
你别看鸵鸟的个头很大，但它其实生性很胆
xiǎo měi dāng yù dào wēi xiǎn shí tuó niǎo huì bǎ tóu mái rù shā zhōng
小。每当遇到危险时，鸵鸟会把头埋入沙中，
yǐ cǐ rèn wéi shì ān quán fáng yù dāng rán tuó niǎo táo shēng de běn lǐng
以此认为是安全防御。当然，鸵鸟逃生的本领
yě hěn qiáng dāng tā yù dào dí hài shí yě huì mài kāi qiáng yǒu lì de
也很强，当它遇到敌害时，也会迈开强有力的
shuāng tuǐ bēn pǎo shí sù kě yǐ dá dào qiān mǐ jué duì bù bǐ jùn
双腿奔跑。时速可以达到60千米，绝对不比骏
mǎ màn
马慢。

xīn xī lán guó niǎo jī wéi niǎo

§新西兰国鸟——几维鸟

jī wéi niǎo yòu míng yù tuó shì yù niǎo lèi zhōng zuì yuán shǐ de niǎo
几维鸟又名鹬鸵，是鹬鸟类中最原始的鸟
lèi tā shēng huó zài xīn xī lán shì xīn xī lán de guó niǎo jī wéi niǎo
类。它生活在新西兰，是新西兰的国鸟。几维鸟
de tǐ xíng hé pǔ tōng de mǔ jī chā bù duō tǐ xíng xiàng lí hún shēn
的体形和普通的母鸡差不多，体形像梨，浑身
zhǎng mǎn péng sōng xì mì de yǔ máo
长满蓬松细密的羽毛。
wú chì bǎng wú wěi yǔ bù néng
无翅膀、无尾羽，不能
fēi xiáng yǎn jing xiǎo shì lì ruò
飞翔。眼睛小，视力弱，
dà bái tiān yě cháng cháng pèng bì
大白天也常常碰壁。
zuǐ jiān qiě cháng xiū xi shí kě dāng
嘴尖且长，休息时可当
zuò dì sān tiáo tuǐ lái bǎo chí píng
作第三条腿来保持平

几维鸟

héng bí zi zhǎng zài zuǐ de zuì qián duān jù yǒu hěn líng mǐn de xiù
衡。鼻子长在嘴的最前端，具有很灵敏的嗅
jué kě yǐ zhǎo dào jù dì miàn mǐ tǔ céng xià de xiǎo chóng jī
觉，可以找到距地面0.3米土层下的小虫。几
wéi niǎo suī rán wú chì bù néng fēi xiáng dàn tuǐ què cū zhuàng yǒu lì
维鸟虽然无翅，不能飞翔，但腿却粗壮有力，
shàn yú bēn pǎo bēn pǎo shí shí sù kě dá qiān mǐ
善于奔跑，奔跑时时速可达6千米。

cí xìng jī wéi niǎo yī bān yī liǎng nián cái xià yī cì dàn měi cì yī
雌性几维鸟一般一两年才下一次蛋，每次一
liǎng méi xià de dàn bǐ jī dàn dà wǔ bèi xiāng dāng yú zì shēn tǐ zhòng
两枚，下的蛋比鸡蛋大五倍，相当于自身体重
de rú guǒ yòng niǎo de tǐ zhòng hé niǎo dàn de bǐ lì lái
的1/4～1/3。如果用鸟的体重和鸟蛋的比例来
bǐ jiào jī wéi niǎo dàn shì shì jiè shàng suǒ yǒu niǎo lèi zhōng zuì dà de dàn
比较，几维鸟蛋是世界上所有鸟类中最大的蛋。
jī wéi niǎo zhǔ yào chī kūn chóng qiū yǐn jiāng guǒ yè zi děng tā
几维鸟主要吃昆虫、蚯蚓、浆果、叶子等。它
bái tiān duǒ zài dì dòng huò shù dòng lǐ wǎn shàng chū lái mì shí
白天躲在地洞或树洞里，晚上出来觅食。

dú lái dú wǎng de yuān
§独来独往的鸢

yuān yòu jiào lǎo yīng tā men shì bái tiān huó dòng de měng qín tā
鸢又叫老鹰，它们是白天活动的猛禽。它

de wěi yǔ wéi chā xíng zhè shì yǒu bié yú qí tā měng qín de dì fāng yuān
的尾羽为叉形，这是有别于其他猛禽的地方。鸢

quán shēn pī zhe àn hè sè yǔ máo zài tiān kōng fēi xiáng shí kě yǐ jiàn chì
全身披着暗褐色羽毛，在天空飞翔时，可以见翅

xià héng guàn de bái bān tā dú lái dú wǎng fēi xiáng shí yī bān bù míng
下横贯的白斑。它独来独往，飞翔时一般不鸣

jiào xī zhǐ shí cháng cháng fā chū dān diào cuì ruò de hū hū hū
叫，栖止时常常发出单调脆弱的“唿，唿，唿，

hū de jiào shēng
唿”的叫声。

yuān zhǔ yào de liè shí duì xiàng shì tián shǔ yǒu shí yě chī yě
鸢主要的猎食对象是田鼠，有时也吃野

tù xiǎo niǎo hé kūn chóng
兔、小鸟和昆虫。

dōng tiān tā men wǎng wǎng sān wǔ chéng qún de màn yóu fēi
冬天，它们往往三五成群地漫游。飞

xíng shí liǎng chì xú xú gǔ dòng
行时，两翅徐徐鼓动
yī cì jí wǎng qián huá xiáng yī
一次，即往前滑翔一
duàn jù lí huá xiáng shí liǎng
段距离，滑翔时，两
chì bìng bù zhèn dòng hǎo sì zài
翅并不振动，好似在
kōng zhōng gāo xuán yuān fēn bù
空中高悬。鸢分布
yú ōu yà dà lù fēi zhōu
于欧亚大陆、非洲、
yìn dù yī zhí dào ào dà lì
印度，一直到澳大利

鸢

yà wǒ guó quán guó gè dì jiē yǒu fēn bù sān yuè jiān kāi shǐ fán zhí
亚。我国全国各地皆有分布。三月间开始繁殖，
zài wēn hé de nán fāng dào èr yuè jiù kāi shǐ fán zhí le yuān de cháo hěn
在温和的南方，到二月就开始繁殖了。鸢的巢很
dà dàn jí wéi jiǎn lòu jǐn yòng yī xiē shù zhī dā zhì ér chéng cháo
大，但极为简陋，仅用一些树枝搭制而成。巢
dà duō zhù zài gāo shù shang měi cháo chǎn luǎn méi luǎn sè wū
大多筑在高树上，每巢产卵2~3枚，卵色污
bái dài yǒu bù tóng shēn dù de hóng sè
白，带有不同深度的红色。

gāo sù fēi niǎo yóu sǔn

§高速飞鸟——游隼

yóu sǔn shì yī zhǒng shí ròu niǎo bǔ zhuō yǐ gē zi wéi zhǔ de niǎo
游隼是一种食肉鸟，捕捉以鸽子为主的鸟
lèi hé yī xiē xiǎo xíng bǔ rǔ dòng wù tā néng zài fēi xíng zhōng yǐ jīng rén
类和一些小型哺乳动物。它能在飞行中以惊人

游隼

de sù dù zhǔn què de
的速度准确地
fǔ chōng xià lái zhuā zhù
俯冲下来抓住
shí wù yóu sǔn chuàng
食物。游隼创
zào le shí sù qiān
造了时速355千
mǐ de kōng zhōng fǔ
米的空中俯
chōng jì lù chéng wéi shì jiè shàng fēi de zuì kuài de niǎo yóu sǔn biàn bù
冲纪录，成为世界上飞得最快的鸟。游隼遍布
yú shì jiè gè dì de huāng yě hé sēn lín dàn shì zài shān lǐng huò yán hǎi
于世界各地的荒野和森林，但是在山岭或沿海

de yán shí qū jiào wéi cháng jiàn
的岩石区较为常见。

yóu yú yóu sǔn duì qí tā de niǎo lèi yǒu zhèn shè zuò yòng jìn nián lái
由于游隼对其他的鸟类有震慑作用，近年来
tā men bèi fàng yǎng zài fēi jī chǎng yòng lái xià hu xiǎo niǎo shǐ zhī yuǎn
它们被放养在飞机场，用来吓唬小鸟，使之远
lí fēi jī pǎo dào
离飞机跑道。

yóu sǔn de fán zhí qī wèi yuè cháo zhǔ yào
游隼的繁殖期为4~6月。巢主要
yóu kū zhī gòu chéng nèi fàng shǎo xǔ cǎo jīng cǎo yè hé yǔ máo
由枯枝构成，内放少许草茎、草叶和羽毛。
yě yǒu de wú rèn hé nèi diàn wù měi wō chǎn luǎn méi ǒu
也有的无任何内垫物。每窝产卵2~4枚，偶
ěr yě yǒu duō zhì méi shèn zhì méi de luǎn de yán sè wèi
尔也有多至5枚，甚至6枚的。卵的颜色为
hóng hè sè luǎn de dà xiǎo wéi
红褐色，卵的大小为（49~58）×（39~43）
píng fāng háo mǐ yóu qīn niǎo lún liú fū luǎn lǐng yù xìng jí qiáng
平方毫米，由亲鸟轮流孵卵。领域性极强，
cháng cháng jī jí dì bǎo wèi cháo fū huà qī wéi tiān
常常积极地保卫巢。孵化期为28~29天。
chú niǎo wéi wǎn chéng xìng fū chū hòu yóu qīn niǎo fú yǎng dà yuē
雏鸟为晚成性，孵出后由亲鸟扶养大约35
tiān cái néng lí cháo
~42天才能离巢。

shì jiè dì èr dà niǎo —— ér miáo
§世界第二大鸟——鸸鹋

ér miáo chǎn yú ào dà lì yà bù néng fēi xiáng shì shì jiè
鸸鹋产于澳大利亚，不能飞翔，是世界
shang xiàn cún de dì èr dà niǎo ér miáo tǐ gé jiàn zhuàng tuǐ cháng
上现存的第二大鸟。鸸鹋体格健壮，腿长，
sì hè tuó liǎng xìng tǐ yǔ jūn wéi qiǎn hè sè tóu hé jǐng wéi àn huī
似鹤鸵。两性体羽均为浅褐色，头和颈为暗灰
sè bèi kùn shí yòng zhǎng yǒu zhǐ de dà jiǎo tī rén ér miáo zhōng
色。被困时用长有3趾的大脚踢人。鸸鹋终
shēng pèi duì yòu chú chū ké hòu hěn kuài jiù néng gēn zhe chéng niǎo pǎo tā
生配对，幼雏出壳后很快就能跟着成鸟跑。它
men de qì guǎn yǒu tè bié de jié gòu zài fán zhí qī kě fā chū jù dà de
们的气管有特别的结构，在繁殖期可发出巨大的
lóng lóng shēng yǒu gè yà zhǒng qī xī yú ào dà lì yà de dōng bù
隆隆声。有3个亚种栖息于澳大利亚的东部、
dōng nán bù hé xī nán bù dì gè yà zhǒng xiàn yǐ jué miè céng
东南部和西南部，第4个亚种（现已绝灭）曾
qī xī yú tǎ sī mǎ ní yà
栖息于塔斯马尼亚。

ér miáo běn xìng wēn shùn shàn liáng hěn tǎo rén xǐ huan yǒu shí rú
鸸鹋本性温顺善良，很讨人喜欢。有时如
yǒu qì chē tíng zài ér miáo shēng huó qū de lù biān tā men huì lì kè dà
有汽车停在鸸鹋生活区的路边，它们会立刻大
yáo dà bǎi de zǒu guò lái bǎ tóu shēn jìn chē chuāng huǎng dòng piào liàng
摇大摆地走过来，把头伸进车窗，晃动漂亮
de lán sè cháng bó gěng xiàng rén qīn nì mài guāi yuán lái tā men zhè yàng
的蓝色长脖颈，向人亲昵卖乖。原来它们这样
zuò shì wèi le tǎo hǎo rén lèi yǐ huò dé yī diǎn shí wù
做，是为了讨好人类，以获得一点食物。

ér miáo píng cháng yǐ cǎo yuán shang de shù mù hé qīng cǎo wéi shí
鸸鹋平常以草原上的树木和青草为食。
dāng yù dào gān hàn shí shù mù hé cǎo dōu kū sǐ le zhǎo bù dào shí wù
当遇到干旱时，树木和草都枯死了，找不到食物
guǒ fù jī è de ér miáo zé
裹腹，饥饿的鸸鹋则
huì zhuǎn xiàng tián dì pò huài zhuāng
会转向田地破坏庄
jia
稼。

鸸鹋

ér miáo shuāng chì yǐ tuì
鸸鹋双翅已退
huà suǒ yǐ bù huì fēi dàn
化，所以不会飞，但
tā men yǒu zhe jīng rén de bēn pǎo
它们有着惊人的奔跑

běn lǐng měi xiǎo shí néng pǎo qiān mǐ yǐ shàng jiǎ rú yù dào qiáng
本领，每小时能跑60千米以上。假如遇到强
dí zhuī gǎn shí tā men liǎng zhī gāo qiāo shì de cháng tuǐ yī bù biàn néng
敌追赶时，它们两只高跷似的长腿，一步便能
kuà chū mǐ dāng dì de ào zhōu rén zài bǔ zhuō ér miáo shí zhǐ yǒu
跨出2米。当地的澳洲人在捕捉鸸鹋时，只有
qí zài kuài mǎ shang zhuī gǎn zhí dào tā men lèi de dǎo dì shí cái néng zhuō
骑在快马上追赶，直到它们累得倒地时才能捉
zhù
住。

ér miáo zhǐ shēng huó zài ào zhōu cǎo yuán shàng tā men zài ào zhōu
鸸鹋只生活在澳洲草原上。它们在澳洲
rén xīn mù zhōng de dì wèi yǔ dài shǔ xiāng tóng yīn wèi zài ào dà lì yà
人心目中的地位与袋鼠相同，因为在澳大利亚
de guó huī shàng zuǒ biān shì dài shǔ de tú àn yòu biān shì ér miáo de
的国徽上，左边是袋鼠的图案，右边是鸸鹋的
tú àn
图案。

zhuó mù niǎo
§ 啄木鸟

zhuó mù niǎo shì jū zhù zài wēn dài sēn lín lǐ de yī zhǒng niǎo yīn
啄木鸟是居住在温带森林里的一种鸟，因
wèi tā zhuān ài chī zuàn jìn shù gān lǐ de chóng zi wèi shù zhì bìng suǒ yǐ
为它专爱吃钻进树干里的虫子为树治病，所以
bèi rén men chēng wéi sēn lín yī shēng
被人们称为“森林医生”。

zhuó mù niǎo de zuǐ zhí ér yǒu lì hěn xiàng mù jiàng yòng de záo zi
啄木鸟的嘴直而有力，很像木匠用的凿子。
tā de yì duǎn ér dùn tuǐ duǎn ér yǒu lì jiǎo yǒu sì zhǐ liǎng zhī
它的翼短而钝，腿短而有力；脚有四趾，两只
xiàng qián liǎng zhī xiàng hòu wěi shàng de yǔ zhóu yòu yìng yòu yǒu tán xìng
向前，两只向后；尾上的羽轴又硬又有弹性，
zài shù shàng zhuó mù shí jiù xiàng yī gēn zhī zhù zhuó mù niǎo de shé tou
在树上啄木时，就像一根支柱。啄木鸟的舌头
yòu xì yòu ruǎn néng shēn dào kǒu wài lí mǐ shé tou jiān duān shēng yǒu
又细又软，能伸到口外14厘米，舌头尖端生有
qiāng cì hé nián yè bù guǎn zài shù gān lǐ yǐn cáng duō me shēn de hài chóng
戗刺和黏液，不管在树干里隐藏多么深的害虫、

yòu chóng hé chóng luǎn dōu
幼虫和虫卵，都

táo bù guò tā de shé tou
逃不过它的舌头。

jù tǒng jì zhuó mù niǎo
据统计，啄木鸟

néng gòu xiāo miè sēn lín zhōng
能够消灭森林中

de hài chóng
95%的害虫。

zhuó mù niǎo cháng
啄木鸟常

zài shù dòng zhōng jiàn cháo
在树洞中建巢。

啄木鸟

měi nián de sì wǔ yuè
每年的四、五月

jiān chǎn luǎn měi wō chǎn luǎn méi chún bái sè cí xióng niǎo
间产卵，每窝产卵3~8枚，纯白色。雌雄鸟

lún liú fū huà dà yuē tiān hòu yòu chú chū shēng tiān
轮流孵化，大约16天后，幼雏出生，18~21天

hòu xiǎo zhuó mù niǎo biàn néng fēi chū cháo wài zì jǐ mì shí le
后，小啄木鸟便能飞出巢外，自己觅食了。

zhuómùniǎoměitiānqiāo jī shùmùyuēwèi
啄木鸟每天敲击树木约为500~600

cì zhuómù de sù dù jí kuài jī hū shì yīn sù de liǎngbèi zhè
次，啄木的速度极快，几乎是音速的两倍，这

yàng tā de tóu bù zé bù kě bì miǎn dì yàoshòudàozhèn dòng dàn
样它的头部则不可避免地要受到震动，但

tā jì bù huì dé nǎozhèndàng yě bù huì tóutòng yuán lái zài zhuó
它既不会得脑震荡，也不会头痛。原来在啄

mùniǎo de tóu shàng zhì shǎoyǒusāncéngfángzhènzhuāng zhì tā de
木鸟的头上至少有三层防震装置，它的

tóu gú jié gòushūsōng ér chōngmǎnkōng qì tóu gú de nèi bù háiyǒu
头骨结构疏松而充满空气，头骨的内部还有

yī céngjiānrèn de wàinǎomó zài wàinǎomó hé nǎo suǐ zhī jiānyǒu yī
一层坚韧的外脑膜，在外脑膜和脑髓之间有一

tiáo xiá zhǎi de kōng xì lǐ miànhányǒu yè tǐ jiǎn dī liǎozhèn bō
条狭窄的空隙，里面含有液体，减低了震波

de liú tǐ chuándòng qǐ dàoliǎoxiāozhèn de zuòyòng
的流体传动，起到了消震的作用。

huáng lí
§ 黄鹂

huáng lí yòu jiào huáng yīng chéng niǎo tǐ cháng lí mǐ
黄鹂又叫黄莺，成鸟体长 23 ~ 25 厘米。
xióng niǎo tōng tǐ jīn huáng sè bèi bù shāo yǒu lù huī tóu bù zì zuǐ jī
雄鸟通体金黄色，背部稍有绿辉，头部自嘴基
xiàng hòu tōng guò yǎn zhōu zhí dá zhěn bù yǒu yī dào kuān dài zhuàng de hēi
向后通过眼周直达枕部，有一道宽带状的黑
wén chì yǔ dà bù fen hēi sè ér fā liàng cí niǎo bèi bù chéng qiǎn huáng
纹，翅羽大部分黑色而发亮。雌鸟背部呈浅黄
lǜ sè xià tǐ yǒu hēi sè zòng wén shì yī zhǒng fēi cháng měi lì de niǎo
绿色，下体有黑色纵纹，是一种非常美丽的鸟。

yě shēng huáng lí shì yī zhǒng shù qī xìng niǎo xǐ huan jí qún huó
野生黄鹂是一种树栖性鸟，喜欢集群活
dòng huáng lí de zhǔ yào shí wù shì kūn chóng yǒu shí yě chī xiē guǒ
动。黄鹂的主要食物是昆虫，有时也吃些果
shí zhǒng zi děng shí wù
实、种子等食物。

huáng lí de cháo yíng zào zài yuǎn lí zhǔ gān de zhī shāo jiān yī wō
黄鹂的巢营造在远离主干的枝梢间，一窝

yǒu zhī chú niǎo
有4～5只。雏鸟

shēng zhǎng hěn kuài fū
生长很快，孵

chū yī gè duō yuè hòu jí
出一个多月后即

néng suí fù niǎo hé mǔ niǎo
能随父鸟和母鸟

zhú jiàn xiàng nán qiān xǐ
逐渐向南迁徙。

huáng lí de gē
黄鹂的歌

shēng yóu rú liú shuǐ bān
声犹如流水般

wǎn zhuǎn dòng tīng píng
婉转动听，平

黄鹂

shí cháng zuò gā gā gā de dān shēng dàn cóng
时常作“嘎——嘎——嘎——”的单声，但从

sì yuè zhì jiǔ yuè zhī jiān zhuàn míng shí gē shēng hóng liàng qīng cuì měi
四月至九月之间，啭鸣时歌声宏亮清脆、美

miào duō biàn fù yǒu yīn yùn yǒu shí xiàng kuài lái zuò fēi
妙多变、富有音韵。有时像“快来坐飞

jī tū rán jiān yòu hǎo xiàng yī zhī lǎo māo zài jiào ā
机——”；突然间，又好像一只老猫在叫“阿——

ér yuán lái zhè shì xióng niǎo zài hū péng huàn yǒu
儿——”，原来这是雄鸟在呼朋唤友。